パソコンによる
FT-NMRのデータ処理
改訂2版

中村 博 著

三共出版

改訂2版の出版について

　初版から17年を経ましたが，その間，種々の改良を重ねたため2009年に第2版を出版しました。しかし，その後も，機能の追加・改良を行い，その結果，第2版の内容も実際のソフトに合わなくなってしまい，再度改訂する事にしました。この改訂2版では，NMRスペクトルを，Wordなどのワープロ，PowerPointなどのプレゼンテーションソフトに取り込む画像データへの貼り付け等を改良しました。具体的には、「丸や四角の図形の追加」と，拡張メタファイルを使ったスペクトルの貼り付けなどです。また，ご要望の多かった英語版もCDに収録しています（英語版の解説はありません）。なお，本アプリケーションはWindows Vista, 7, 8, 8.1, 10 (32/64 bit 版)でも問題なく動作します。また，このプログラムの更新などを次のURLで公開していますのでご利用ください。
　　　　http://ramonyan.ec-net.jp/nmr/index.html

2018年2月1日
中村　博

第2版の出版にあたって

　初版から9年を経ましたが，その間，種々の改良を重ねた結果，多くの機能を追加しました。その結果，第1版の内容が実際のソフトに合わなくなってきました。また，保存データも，単にNMRデータだけでなく，印刷をはじめとして，Wordなどのワープロ，PowerPointなどのプレゼンテーションソフトなどに取り込む画像データへの変換を考慮したものになってきました。

　これまで，Ver.2からVer.3への変更時に，このデータ構造をAlice依存型から独自型に改良しましたが，さらに抜本的に改良したデータ構造をVer.4で採用することにしました。この新しい構造は，基本的に1次元と2次元のデータファイル中のデータ構造が同じとなっています(**付録-3**参照)。また，重ね書きなどの複数のスペクトルデータを含むファイルにおいて，それぞれのスペクトルデータを同じにすることにし，後から分離して1つの単独スペクトルデータにできるようになりました。

　また，これまでは，重ね書きや2Dスペクトルに添付する1Dデータはフーリエ変換済みである必要がありましたが，Ver.4ではフーリエ変換済みでなくても可能となりました。

　このように，使いやすさの改良を目的として，アプリケーションをVer.4にバージョンアップし，本書もそれに対応した内容として，改訂版を出版することにいたしました。

2009年3月31日

初版 はじめに

　FT-NMR（フーリエ変換核磁気共鳴装置）はその測定原理からいって，フーリエ変換というデジタル演算を行う必要があるため，コンピュータ無しでは成り立ちません。測定→フーリエ変換→書き出し，といった一連のデータ処理をコンピュータで行う必要があります。普通，NMRの装置では，一応これらの処理ができるようにコンピュータとプログラムが本体に付属しています。しかし，古い機械ではコンピュータが旧式でデータ処理に多くの時間がかかります。始めから旧式ということはなく，確かに購入時点では最新のものだったはずです。しかし，コンピュータだけはすぐ時代遅れになりますが，コストやアフターサービスの点で簡単には取り替えられない事情があります。また，付属のソフトウエアーについても自分の思うような処理ができないものが多くあります。また，新しい機械でも測定が混んでいるときにデータ処理を行うと，その間測定のじゃまをすることになります。一方，最近のパソコンの進歩は著しく，その処理能力は十数年前のNMR本体に付属している物の数百倍から数万倍になってきていますし，価格も比較にならないほど安くなっています。従って，これを利用しない手はないと思います。

　さて，NMRの測定に要する時間はコンピュータの性能というより測定方法（COSYやNOESYなどの2次元測定や1次元測定等）によって決まってしまいます。従って，本体付属のコンピュータやプログラムが旧式になってしまって困るのは，その後の処理（フーリエ変換や積分等）になります。そこで，最近では，測定だけはNMR本体に任せておき，後のデータ処理をパソコンで行うという傾向にあります。このためのソフトウエアーとして「NUTS」や「ALICE2」等のデータ処理ソフトウエアーが市販されています。これらの利点は，

　　1．速度の速いコンピュータを本体とは関係なく利用できる。もっと速いコンピュータへの買い換えも，それほど投資しなくても可能である。
　　2．データ処理に本体のマシンタイムを使わなくて済む。

です。特に第2項は混み合っているNMR装置にとっては一番重要かもしれません。しかし，これらの最大の欠点は，ただ一つ，上記のソフトウエアーの価格が高いという点にあります。現在使い物になるソフトウエアーは十万〜数十万円以上します。従って，大学などの研究室単位でこれらのソフトウエアーを購入することはかなりの負担となります。しかし，NMRのデータ処理が理解できて，ある程度のプログラミングの知識があれば二次元のデータ処理ぐらいまでなら自分で作ることが可能です。つまりフーリエ変換や位相補

正，積分といった操作のアルゴリズムさえ解れば十分利用可能なソフトウエアーができます。

最近ではいろいろなプログラム開発ソフトウエアー（言語）が市販されています。FortranやC，Basicなどはかなり昔から使われていますので習ったり，研究に使っている方も多いと思います。しかし，これらは最近のOS（オペレーティングシステム）の定番であるWindowsには対応していませんし，ユーザーインターフェイスの点からもNMRの処理には向いていません。たとえば，N-88Basicではデータの大きさの制限（1つ変数データの最大は64KByteなので128×128点が限度）から2次元NMRのデータを変数に入れることは不可能です。一方，Windowsに対応した開発言語にはユーザーインターフェイスを重視したVisual BasicやVisual C++などがあります。また，Visual BasicはBasicといえども処理能力はFortranの比ではありません。

本書は，この内，初心者でもわかりやすいVisual Basic Ver.6を利用して開発したアプリケーションについて解説します。自分で開発したソフトウエアーの一番の利点は，自由に機能を拡大・削除できる点にあります。ただし，著者の作成したソースリストは数万行に及ぶので，別添のＣＤに納めてあります。興味がある方は参考にしてください。

しかし，Visual Basicにも限界があります。例えば，文字を横向きに印刷することはできません（積分値やピーク位置の表示に使っています）し，データ点数の多いスペクトルの表示も遅い，などがあげられます。そこで，裏ワザ的な方法でAPIというWindowsのシステムを呼び出すような事も行っています。

また，添付しているアプリケーションは，NMRのデータ処理だけでなく，簡易Drawソフトも組み込んでいますので，スペクトルに，文字や直線（矢印）を重ねて書き出す事もできます。また，化学構造式や絵等のイメージデータも他のアプリケーションからコピーして貼り付けることができるようになっています。

注：本書ならびに本ソフトウエアーの著作権は筆者にあります。
　NUTSは米国Acorn NMR社の，Windows, Visual Basic, Visual C++は米国Micro Soft社の，N-88Basicは日本電気(株)の，Aliceは日本電子(株)の登録商標です。

2000年3月31日

中村　博

目　次

第1章　フーリエ変換NMRのデータ処理 ············ 1
  1-1　1次元NMRデータ処理の流れ ············ 1
  1-2　2次元NMRデータ処理の流れ ············ 3

第2章　NMRのデータ処理操作の概要 ············ 5
  2-1　解析できるファイルについて ············ 5
  2-2　1次元ＮＭＲのデータ処理の概要 ············ 5
    2-2-1　アプリケーションの開始 ············ 6
    2-2-2　データの読み込み ············ 7
    2-2-3　スペクトルデータの保存 ············ 8
    2-2-4　スペクトルの印刷 ············ 9
  2-3　2次元ＮＭＲのデータ処理の概要 ············ 9
    2-3-1　アプリケーションの開始 ············ 10
    2-3-2　データの読み込み ············ 11
    2-3-3　1Dデータの貼り付け ············ 13
    2-3-4　スペクトルデータの保存 ············ 14
    2-3-5　スペクトルの印刷 ············ 14

第3章　1次元ＮＭＲデータ処理の操作 ············ 16
  3-1　基本ツールバー ············ 16
  3-2　基本メニュー ············ 18
    3-2-1　ファイルメニュー ············ 18
    3-2-2　編集メニュー ············ 19
    3-2-3　表示／環境メニュー ············ 20
    3-2-4　Array(T1/T2)データメニュー ············ 22
    3-2-5　ピーク（波形）分離メニュー ············ 23
    3-2-6　その他 メニュー ············ 23
  3-3　ファイル ············ 24
    3-3-1　読　込 ············ 24
    3-3-2　読込(T1/T2個別ファイル) ············ 25
    3-3-3　ユーザー設定のファイルタイプ ············ 26

3-3-4 解析できるファイルについて	…………	26
3-3-5 名前を付けて保存	…………	26
(1) Ver.4形式(*.rm1/*.rmo1 *.rmo)	…………	26
(2) Ver.3形式(*.rm1)	…………	27
(3) Alice形式(*.als)	…………	27
(4) JCAMP(拡張)形式(*.jdx)	…………	27
(5) JCAMP(縮小)形式(*.dx)	…………	27
(6) ASCII形式(*.txt, *.dat, *.asc)	…………	27
3-3-6 重ね書きを保存	…………	28
3-3-7 積分曲線を保存(ASCII形式)	…………	28
3-3-8 印刷(スペクトル)・編集	…………	28
3-3-9 印刷(ピークリスト)	…………	28
3-3-10 ピークリストをファイルに保存	…………	29
3-3-11 積分リストの印刷	…………	29
3-3-12 積分リストをファイルに保存	…………	29
3-3-13 印刷(Arrayデータの積分リスト)	…………	29
3-3-14 履　　歴	…………	30
3-3-15 履歴の削除	…………	30
3-3-16 終　　了	…………	30
3-4 編　　集	…………	31
3-4-1 位相補正	…………	31
3-4-2 Referenceの設定	…………	32
3-4-3 ベースライン補正	…………	34
3-4-4 ピーク検出	…………	35
3-4-5 積　　分	…………	37
3-4-6 拡大図の添付	…………	40
3-4-7 区間色の設定	…………	43
3-4-8 重ね書きスペクトルの設定・編集	…………	44
3-4-9 重ね書きスペクトルの個別編集	…………	47
3-4-10 差スペクトル	…………	47
3-4-11 DEPT微調整	…………	48
3-4-12 その他の変更	…………	48
(1) スペクトルの左右反転	…………	48
(2) パラメータの修正	…………	48

3-4-13　データの履歴	…………	48
3-4-14　取り消し(UnDo)	…………	49
3-5　表示/環境	…………	50
3-5-1　表示範囲の変更	…………	50
3-5-2　編集用表示 Font・色・線の変更	…………	50
3-5-3　印刷用表示 Font・色・線の変更	…………	53
3-5-4　グリッドの設定	…………	56
3-5-5　動作環境の設定	…………	57
3-5-6　すべてを表示/表示するもの	…………	60
3-5-7　ピーク位置の表示場所	…………	60
3-5-8　ピーク間距離/ピークデータ	…………	60
3-5-9　構造式・イメージ等の表示	…………	61
3-5-10　Powerスペクトル表示	…………	61
3-6　Array(T1/T2)データの解析	…………	62
3-6-1　Arrayデータの読み込み	…………	62
3-6-2　Arrayデータ表示	…………	62
3-6-3　Arrayデータ表示のプロパティ	…………	63
3-6-4　Arrayパラメータの変更	…………	63
3-6-5　Arrayデータの選択範囲の積分値の印刷	…………	63
3-6-6　T1/T2の計算	…………	63
3-7　ピークの波形分離	…………	67
3-7-1　ピークの波形分離	…………	67
3-7-2　ツールバー	…………	67
3-7-3　メニュー	…………	69
3-7-4　その他の注意点	…………	70
3-7-5　印　　刷	…………	70
3-8　そ の 他	…………	71
3-8-1　パラメータファイルの編集	…………	71
3-8-2　オペレータ名の追加・削除	…………	71
3-8-3　Reference用装置データの整理	…………	72
3-8-4　文字の入力	…………	72
3-8-5　バージョン情報	…………	73
3-8-6　ユーザー情報	…………	73
3-8-7　そ の 他	…………	73

- 3-9 フーリエ変換 74
  - 3-9-1 ファイル 74
  - 3-9-2 Linear Prediction 74
  - 3-9-3 窓関数ツールバー 75
  - 3-9-4 位相補正ツールバー 77
  - 3-9-5 基本ツールバー 77
- 3-10 印刷・編集（スペクトル：1D/2D共通） 78
  - 3-10-1 印刷実行 78
  - 3-10-2 印刷のプロパティ 79
  - 3-10-3 Printer設定 79
  - 3-10-4 印刷プレビューでのメニュー 79
  - 3-10-5 プレビューの編集 80

第4章 2次元NMRのデータ処理の操作 87

- 4-1 基本ツールバー 87
- 4-2 基本メニュー 89
  - 4-2-1 ファイル 89
  - 4-2-2 編　集 90
  - 4-2-3 表示/環境 91
  - 4-2-4 そ の 他 92
- 4-3 ファイル 93
  - 4-3-1 読み込み 93
  - 4-3-2 ユーザー設定のファイルタイプ(1D, 2D) 95
  - 4-3-3 解析できるファイルについて 95
  - 4-3-4 1Dデータの読み込み 95
  - 4-3-5 1Dデータの保存 96
  - 4-3-6 名前を付けて保存 96
    - (1) Ver.4形式(*.rm2/*.rmo2 *.rmo) 96
    - (2) Ver.3形式(*.rm2) 97
    - (3) Alice形式(*.als) 97
    - (4) ASCII形式(*.txt, *.dat, *.asc) 97
  - 4-3-7 ピークリストをファイルに保存 97
  - 4-3-8 印刷(スペクトル)・編集 97
  - 4-3-9 ピークリストの印刷 97

4-3-10	履　　歴	………… 98
4-3-11	履歴の削除	………… 98
4-3-12	終　　了	………… 98

4-4 編　　集　　………… 99

4-4-1	F2位相補正(Phase)	………… 99
4-4-2	F1位相補正(Phase)	………… 100
4-4-3	2D Reference	………… 100
4-4-4	1D Reference(F2)設定	………… 101
4-4-5	1D Reference(F1)設定	………… 102
4-4-6	F1方向ベースライン補正	………… 102
4-4-7	F2方向ベースライン補正	………… 102
4-4-8	対称処理	………… 103
4-4-9	ピーク線引き	………… 105
(1)	通常の線引き	………… 105
(2)	INADEQUATEの線引き	………… 106
4-4-10	1Dスペクトルの編集	………… 106
4-4-11	スペクトルの反転	………… 107
4-4-12	F1/F2の入れ替え	………… 107
4-4-13	パラメータの修正	………… 107
4-4-14	データの履歴	………… 108
4-4-15	INADEQUATEモード変更	………… 108
4-4-16	取り消し(UnDo)	………… 109

4-5 表　　示　　………… 110

4-5-1	表示の設定（等高線等）	………… 110
4-5-2	表示範囲の変更	………… 110
4-5-3	編集用表示Font等の変更	………… 111
4-5-4	印刷用表示Font・線・色の変更	………… 112
4-5-5	動作環境の変更（表示の初期設定等）	………… 115
4-5-6	グリッドの設定	………… 118
4-5-7	F1(1D)スペクトルの表示位置	………… 118
4-5-8	構造式・イメージ等の表示	………… 118
4-5-9	分割表示の設定／表示	………… 118
4-5-10	1Dデータの表示選択	………… 119

4-6 その他 120
- 4-6-1 パラメータファイルの編集 120
- 4-6-2 オペレータ名の編集 120
- 4-6-3 バージョン情報 120
- 4-6-4 ユーザー情報 120
- 4-6-5 解析するファイルに関する注意／動作環境の設定 120

4-7 フーリエ変換 121
- 4-7-1 解析法の設定 121
- 4-7-2 First Point補正の設定，Bruker補正 121
- 4-7-3 フーリエ変換 122
- 4-7-4 Linear Prediction 125

第5章 スペクトルを使う 126
5-1 プレゼンテーション(PowerPointやWordなど)に使う 126

付録 付属ＣＤの使い方
- 付-1 付属ＣＤのインストール 128
- 付-2 Windows Vista, 7, 8, 8.1, 10でのインストールについて 131
- 付-3 FT-NMR解析プログラム解析可能ファイル一覧 132
- 付-4 印刷サンプル 134

第1章 フーリエ変換 NMR のデータ処理

1-1　1次元NMRのデータ処理の流れ

　1次元(1D)に限らずFT-NMRの測定は，データを「測定－保存」する段階と（図1-1），それを「データ処理」する段階に分けられます。この中で「測定」とデータの「保存」だけはNMR本体で行う以外に方法はありません。しかし，このデータを手元に得られれば，「データ処理」以降の操作は，何も測定装置に付属しているコンピュータに頼る必要はありません。データを読み込むことさえできれば，パソコンで十分です。再度データ処理を行うときに，測定装置のところに行く必要もありません。

図1-1 NMR測定の流れ

　さて，パソコンでデータ処理するには，まずNMR本体からFID(Free Induction Decay)データをパソコンに移す必要がありますが，最近のパソコンのオペレーティングシステム(OS)はWindowsが主流だと思いますし，本書で解説するアプリケーションもWindows対応なので，Windowsで扱えるデータとして転送する必要があります。これには大きく分けて，次の3つの方法があります。

(1) NMR本体のOSがWindowsの場合は，当然ですが，そのままUSBメモリーや，ポータブルハードディスク，光磁気ディスク(MO)，フロッピー(2次元データでは無理)などのメディアに保存するだけで良い。

(2) NMR本体がLANなどのネットワークにつながっていれば，FTP (File Transfer Program)でパソコンに転送し(バイナリーモードで)，パソコン上で保存する。

(3) NMR本体のOSがWindowsでなくてもMO等にデータが保存できる場合は，特殊なプログラムによって，Windowsパソコンでも読める場合があります。

次に，パソコン上のソフトウエアーでそのデータを読み込む必要がありますが，そのためにはデータの書式がわかっている必要があります。書式が公開されているものは問題ありませんが，それ以外はNMRの製造会社に聞くか，自分で解析するしかありません。ここでは，それはわかっていて，コンピュータで読み込めるものとして話しを進めて行きます。1次元NMRのFIDデータは実数部分と虚数部分の2つからなります。これを，図1-2に書いてあるように処理して行きます。

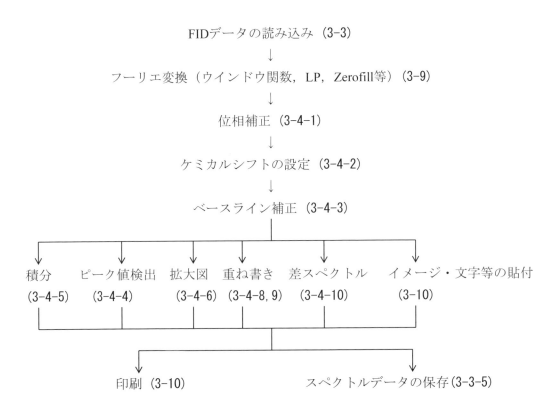

図1-2　1次元NMRデータ処理の流れ　（　）内は解説している章を示す

QD(Quadrature Detection)法で測定されたFID信号データは複素数として扱えるので，複素フーリエ変換をしますが，その前処理として，ウィンドウ関数処理やZerofill（データ長を2^n倍する：増やしたデータとして0を入れるか，Linear Prediction法で残りの部分を予想する）を行います。1次元スペクトルの場合，「Zerofill」はあまり必要ないかもしれませんが，スペクトルをなめらかにして，拡大してもスペクトルがギザギザにならず，正確

なピーク位置を与える効果があります。複素フーリエ変換後に，位相の「ズレ」を補正して，きれいな吸収波形に整えます。次に，TMS(テトラメチルシラン)のピークのケミカルシフトを0 ppmに設定します。ベースライン補正は位相補正と同様に正しい積分を行うためには必須です。あとは，好みに合わせて積分・ピーク位置検出・拡大図の挿入，矢印・文字の貼り付け等を行います。最後にスペクトルの印刷と保存を行います。実際に表示印刷されるのは実数部分です。

1-2　2次元NMRデータ処理の流れ

　2次元(2D)NMRのデータは，t1とt2の2つの時間軸に対してFID(実数部分と虚数部分)があり，それらを2次元のフーリエ変換を行ってF1とF2と呼ばれる2つのケミカルシフトの軸に対してスペクトルデータとし，表示等をする必要があります。また測定方法には位相検出(Phase Sensitive)法と絶対値法があり，若干処理方法が異なります。

　データ処理は基本的には1次元NMRと変わりませんが，ウィンドウ(窓)関数処理は絶対値法で測定されたデータでは，ピークの裾が広くなってしまうので，適切なものを選ぶ必要があります。また，Zerofill(ゼロフィル)(データ長を2^n倍する：増やしたデータとして0を入れるか，Linear Prediction法で残りの部分を予想する)はデータ点数の少ない2次元データには有効です。表示・印刷は1次元と同様で実数部分だけですが一般的には等高線で表示・印刷します。また，1次元スペクトルのピーク帰属が主目的ですから，1次元データを同時に表示させる必要があります。

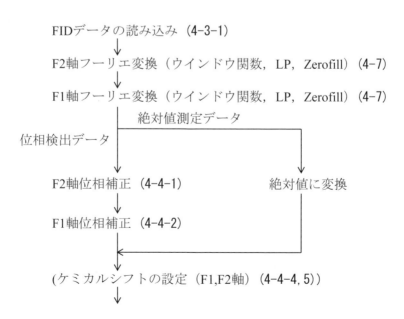

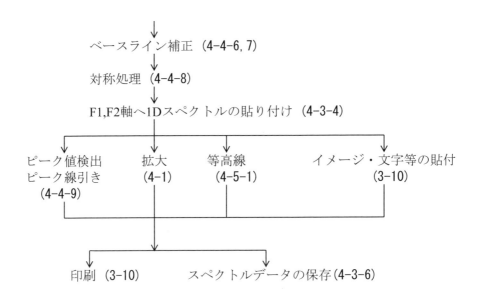

図1-3 2次元NMRデータ処理の流れ　（ ）内は解説している章を示す

注意　なお、本アプリケーションでは1D，2Dスペクトルにおいて，「Powerスペクトル」と記載しているのは，「Powerの平方根のスペクトル」すなわち「絶対値スペクトル」という意味で使っています。（通常，色々なスペクトルで「Power」は，絶対値の2乗を意味します）次の性質があります。

1) 通常の1Dスペクトルは，理想的には，積分値が原子の数に比例します。
2) Powerスペクトル(絶対値スペクトル)のピークトップ高さは通常のスペクトルと同じです。
3) Powerスペクトル(絶対値スペクトル)の積分値は積分区間幅によって変わり，理論上，無限大になります。従って，積分値は意味を持ちません。

第2章　NMRのデータ処理操作の概要

2-1　解析できるファイルについて

　このプログラム（アプリケーション）では次の1次元（1D）および2次元（2D）NMRデータの処理が行えます。ただし，すべてWindows（2000, XP, Vista, 7, 8, 8.1, 10 等）で扱えるファイルとしたものに限ります。

　（1）日本電子・Bruker・Varian（Agilent）などのNMR装置で測定されたデータをFTP（File Transfer Program）などでWindowsで扱えるファイルとしたもの。

　（2）その他，CSV形式で保存したFIDデータも可能です。

詳しくはメニューの「**ファイル － 解析出来るファイルについて**」で確認できます。

2-2　1次元NMRのデータ処理の概要

　このプログラムでは，1D NMRに対して以下のデータ処理ができます。

　　　（1）通常のフーリエ変換
　　　（2）ベースラインの補正
　　　（3）積分
　　　（4）拡大図の添付
　　　（5）全20個までのスペクトルの重ね書き
　　　（6）ピークの検出（ピークリダクション）
　　　（7）差スペクトル
　　　（8）DEPTスペクトルの演算処理（CH, CH_2, CH_3に振り分け）
　　　（9）カーブフィッティングによるピークの波形分離
　　　（10）緩和時間（T1/T2）測定データの解析，および解析結果の印刷
　　　（11）スペクトル上に文字・直線（矢印）・図形・イメージデータの貼り付け
　　　（12）処理データの保存
　　　（13）プリンターへの印刷
　　　（14）スペクトル画面をクリップボードへコピー

　保存できるデータの形式は，本アプリケーション独自形式（拡張子は `rm1`（Ver.3/Ver.4）または `rmo, rmo1` です），Alice2同等の形式（拡張子は `als`），JCAMP形式，及びASCII形式です。

保存したAlice2形式のデータはAlice2 for Windowsで読み込めます。ただし，Alice2 for Windows3.1には対応していません。但し，上記(4)～(12)のデータ等，一部のデータはAlice2には対応していませんので，Alice2で読み込んだ場合は無視されます。

独自形式(rm1, rmo または rmo1)は上記（印刷設定を含め）すべてのデータが保存できます。保存されるデータは，以下のもの全てです。

(1) スペクトルデータ「重ね書きデータ」を含む
(2) 拡大図
(3) 貼り付けた，文字・直線(矢印)・イメージデータ
(4) 積分曲線
(5) ピークの検出
(6) カーブフィッティングによるピークの波形分離の結果と印刷
(7) T1/T2の解析，および解析結果の印刷
(8) 印刷フォーマット（用紙サイズ，用紙方向，枠などの大きさ等）全て

2-2-1 アプリケーションの開始

Ramo1D4.exeをダブルクリックするか，Windowsのスタートメニューの中の「**NMRV4 Spectrum**」フォルダー中の「 **NMR1D Spectrum**」または「 **NMR1D V4**」をクリックすると，右図の利用者名の選択画面になります。

新しい利用者（ユーザー）の時は新利用者名を入力して「**右の使用者で実行**」をクリックします。個人の各種設定が保存されます。

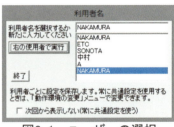

図2-1　ユーザーの選択

次に，動作環境の設定画面になります。ここで，一般的な動作環境を設定します。この動作環境の設定は，メニュー「**表示/環境 － 動作環境の設定**」でもできます。

設定が終わったら「ＯＫ」をクリックします。次ページのメイン画面になります。この画面を中心として1次元NMRの各種操作を行います。次回から上記の操作が不要の場合は，「**次回から起動時にこのWindowを開かない**」に設定してください。

図2-2　起動時の設定

第 2 章 NMR のデータ処理操作の概要　7

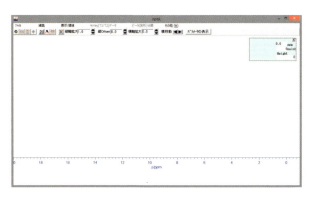

図2-3　メインウインドウ

2-2-2　データの読み込み

メニュー「**ファイル － 読み込み**」をクリックすると，データファイル名の入力画面となりますので，処理を行いたい該当ファイル名を選択してください。なお，処理できるファイル（付-3を参照）については下記メニュー「**ファイル － 解析出来るファイルについて**」を参照してください。

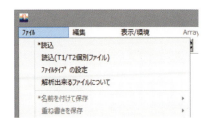

図2-4　ファイルの読み込み

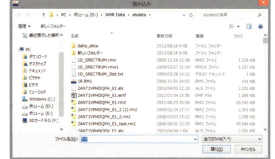

図2-5　ファイルの選択

入力されたデータがFIDデータの場合は，**図2-6**のフーリエ変換ウインドウが開きます。位相補正を行って，吸収形のスペクトル（右側）になるように調整します。調整後「**完了**」ボタンをクリックするとメイン画面（**図2-7**）に戻り，スペクトルが表示されます。

この画面で，必要に応じて，ベースライン補正，積分，ピーク検出を行うことができます。

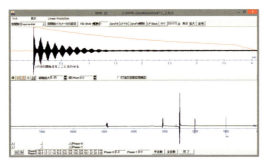 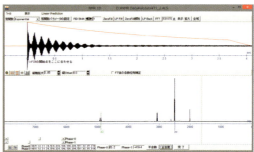

図2-6　フーリエ変換ウインドウ　　左：位相補正前　右：補正後

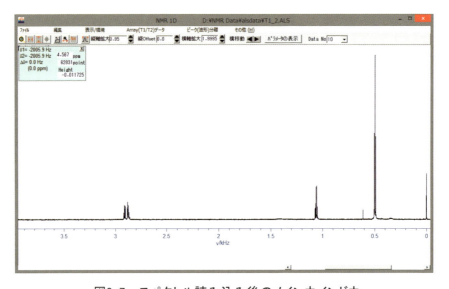

図2-7　スペクトル読み込み後のメインウインドウ

2-2-3　スペクトルデータの保存

スペクトルは各種形式で保存できます(付-3)。メニュー「**ファイル**」の中から該当の保存形式を選択してください。このアプリケーション独自の拡張子を rm1 とし

図2-8　ファイルの保存メニュー

て，旧バージョン(Ver.3)と統一しています（形式(Ver.4)は，rmo, rmo1でも可）。この形式（Ver.4形式）は，重ね書きなどの複数の一次元スペクトルが格納でき，個別に分離して保存することもできます。また，この形式では，すべてのデータ・設定が保存されますので，次回読み込んだ時も全く同じ状態に復元されます。

この他，旧バージョン(Ver.3)の形式やAlice2形式，JCAMP形式，ASCII形式でも保存ができますが，それぞれ，保存される内容には制限があります。

2-2-4 スペクトルの印刷

メニュー「**ファイル － 印刷（スペクトル）・編集**」をクリックすると下記の印刷・プレビュー画面になります。表示は実際の印刷とほぼ同一のものになります。また，この画面に文字や図形（矢印・円・四角），ChemDrawからの構造式等も配置することができます。

この画面のメニューの中の「**印刷 － 印刷実行**」をクリックするか，左側ツールバー中の「**印刷実行**」をクリックすると，プリンターの設定画面が表示され（**図2-10**），「**印刷実行**」をクリックすると印刷されます。印刷が終了すると，メイン画面（**図2-7**）に戻ります。

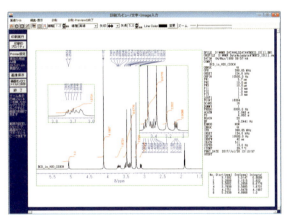

図2-9　印刷・プレビューウインドウ

図2-10　印刷ダイアログ

2-3　2次元NMRのデータ処理の概要

このアプリケーションでは以下の作業ができます。

- a) 絶対値フーリエ変換(FT)
- b) 位相検出FT（F1軸, F2軸位相補正可能）
- c) 混合位相FT（F1位相, F2絶対値）
- d) F1軸のベースライン補正
- e) F2軸のベースライン補正
- f) 対称処理
- g) ピーク線引き（INADEQUATEを含む）
- h) スペクトル上に文字・直線（矢印）・図形・イメージデータの貼り付け
- i) プリンターへの印刷
- j) 処理データの保存

保存できるデータの形式(付-3参照)は，1Dと同様の本アプリケーション独自形式(拡張子は rm2。また，Ver.3と区別するためにrmo2, rmo とすることも可能です)，Aliceと同等の形式(拡張子は als：但し，Alice2 for Windows3.1には対応していません)，ASCII形式です。上記 j)で保存されるデータは以下の全てです。

　　a) 2Dスペクトルデータ
　　b) 添付している1Dデータ
　　c) ピーク線引き
　　d) 貼り付けた文字・直線(矢印)・図形・イメージデータ
　　e) 印刷フォーマット(用紙のサイズ・向き，枠の大きさ等)全て

　2Dスペクトルに添付できる1Dデータは前述の１次元データ処理でできるものであればフーリエ変換済みでなくてもかまいません。

2-3-1 アプリケーションの開始

Ramo2D4.exeをダブルクリックするか，Windowsのスタートメニューの中の「NMRV4 Spectrum」フォルダー中の「NMR2D Spectrum」または「NMR2D V4」をクリックすると，1Dアプリケーションと同様に右図の利用者名の選択画面になります。

　新しいユーザーの時は新ユーザー名を入力して「**右の使用者で実行**」をクリックします。個人の各種設定が保存されます。

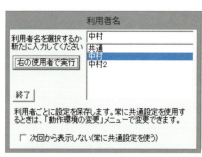

図2-11　ユーザーの選択

　次に，動作環境の設定画面になります。ここで，一般的な動作環境を設定します。この動作環境の設定は，メニュー「**表示／環境 － 動作環境の設定**」でもできます。

　設定が終わったら「**ＯＫ**」をクリックします。次ページのメイン画面になります。この画面を中心として２次元NMRの各種操作を行います。

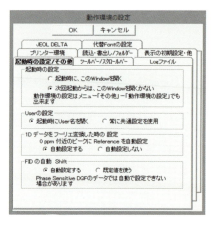

図2-12　動作環境の設定

第 2 章　NMR のデータ処理操作の概要　11

図2-13　2Dスペクトルのメインウインドウ

2-3-2　データの読み込み

メニュー「ファイル － 読み込み」をクリックすると，データファイル名の入力画面となりますので，処理を行いたい該当ファイル名を選択してください。なお，処理できるファイル(付-3も参照)については下記メニュー「ファイル － 解析出来るファイルについて」を参照してください。

図2-14　2Dデータの読み込み
　　　　メニュー

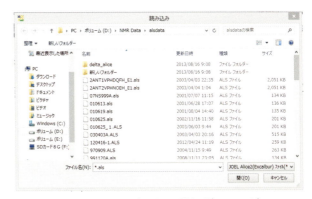

図2-15　2Dデータの選択ダイアログ

入力されたデータがFIDデータの場合は，右図の様に解析方法の設定画面になります。適切な解析モードを選択します。FIDデータからわかる場合は，それが初期設定されていますが，確認して「実行」をクリックします。

次に，FFTの補正方法を聞いてきますが，ここは単に「FFT実行へ」をクリックします。そうすると，下図のフーリエ変換ウインドウが開きます。絶対値の測定データの場合は，窓関数(通常はSine Bell)とZerofillを設定後，画面中央の「2D-FFT実行」をクリックしてフーリエ変換を実行します。

Phase Sensitive(位相検出型)データの場合は，窓関数(通常はExponential)を設定後，位相補正を行って吸収形のスペクトル（右下）になるように調整します。調整後「2D-FFT実行」をクリックしてフーリエ変換を実行します。

図2-16　2Dデータモードの選択

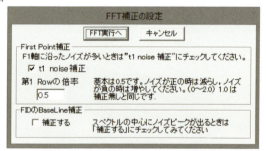

図2-17　First Point(t1)補正

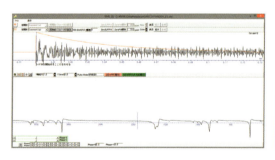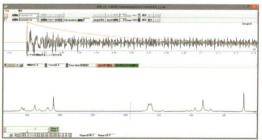

図2-18　フーリエ変換ウインドウ

左：位相補正前，右：補正後

第2章 NMRのデータ処理操作の概要　13

フーリエ変換が終了すると下図のメイン画面に戻り，スペクトルが表示されます。

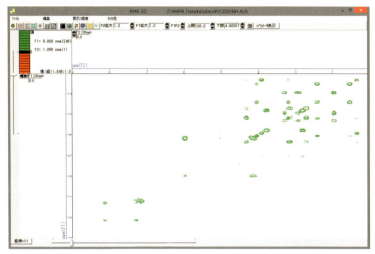

図2-19　2Dスペクトルメインウインドウ　絶対値表示

この後，1Dスペクトルとの対応を見るため1Dスペクトルを読み込みます。

2-3-3　1Dデータの貼り付け

メニュー「**ファイル － 1Dデータの読み込み**」をクリックします（**図2-20**）。**図2-21**が開きますので適切な1Dスペクトルのファイルを選択します。2Dとの合わせ方をここでは，「**中心周波数で合わせる**」にしておきます。

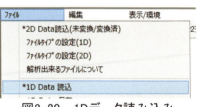

図2-20　1Dデータ読み込みメニュー

最後に「**読み込み実行**」をクリックすると，1Dデータを読み込み，それを基に2Dスペクトルのケミカルシフト（reference）を設定します。

Reference設定の微調整は，メニュー「**編集 － 2D Reference設定**」で行ってください。

できあがったスペクトルを**図2-22**に示します。

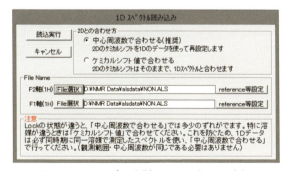

図2-21　1Dデータ読み込みウインドウ

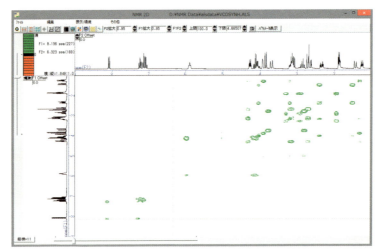

図2-22 完成した2Dスペクトル（絶対値表示）

2-3-4 スペクトルデータの保存

スペクトルは各種形式で保存できます（付-3）。メニュー「**ファイル**」の中から該当の保存形式を選択してください。このアプリケーション独自の拡張子を rm2として, 旧バージョン（Ver.3）と

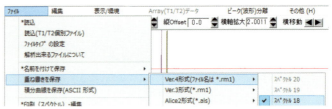

図2-23 スペクトルの保存メニュー

統一しています（形式（Ver.4）は, rmo, rmo2でも可）。この形式（Ver.4形式）は, 添付してある1次元スペクトルも一緒に保存することもでき，また，この中に含まれるスペクトルは単独ファイルとして分離保存可能です。また，この形式では，すべてのデータ・設定が保存されますので，次回読み込んだ時も全く同じ状態に復元されます。

この他，旧バージョン（Ver.3）の形式やAlice2形式，ASCII形式でも保存ができますが，それぞれ，保存される内容には制限があります。

2-3-5 スペクトルの印刷

メニュー「**ファイル － 印刷（スペクトル）・編集**」をクリックすると，1Dスペクトルの印刷の時と同様に下記の印刷・プレビュー画面になります。表示は実際の印刷とほぼ同一のものになります。また，この画面に文字や矢印，直線，図形，ChemDrawからの構造式等も配置することができます。

この画面のメニューの中の「**印刷 － 印刷実行**」をクリックするか，左側ツールバー中の「**印刷実行**」をクリックすると，プリンターの設定画面が表示され（**図2-25**），「**印刷実行**」をクリックすると印刷されます。印刷が終了すると，メイン画面に戻ります。

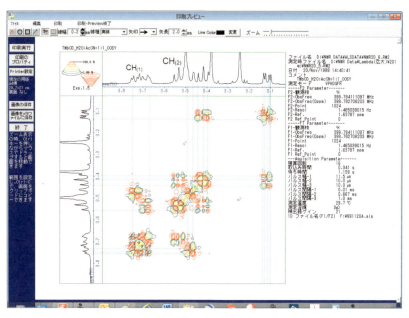

図2-24　印刷・プレビューウインドウ

図2-25　スペクトルの印刷ダイアログ

第3章　1次元NMRデータ処理の操作

3-1　基本ツールバー

データがあるときには，どの操作モードにあるかは関係なく常に操作できます。ツールバーのアイコンにマウスを置くとヒントが表示されます。

図3-1　基本ツールバー

枠で囲んだ範囲を拡大します。
　このボタンが押された状態の時に，マウスで拡大したい範囲をドラッグ（範囲の左上で左ボタンを押し，そのまま右下の位置でボタンを放す）します。ただし枠下線がベースラインより下の時はベースラインが枠下線となります。

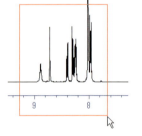

図3-2　枠囲みによる拡大

2本の赤線の間を横方向に拡大します。
　このボタンが押された状態の時に，マウスで拡大したい範囲をドラッグ（範囲の左端で左ボタンを押し，そのまま右端の位置でボタンを放す）します。

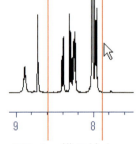

図3-3　横の拡大

2本の赤線の間を縦方向に拡大します。
　このボタンが押された状態の時に，マウスで拡大したい範囲をドラッグ（範囲の上端で左ボタンを押し，そのまま下端の位置でボタンを放す）します。ただし，下端がベースラインより下の場合はベースラインが下端になります。

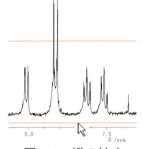

図3-4　縦の拡大

第3章 1次元NMRデータ処理の操作

- 1つ前の拡大率に戻します。50回前まで戻ることができます。
- 拡大率を初期値（全範囲表示）に戻します。
- 横の拡大率を全範囲に戻します。縦の拡大率は変わりません。
- 縦の拡大率を0.95にします。（最大のピークを上下スパンの0.95倍にする）
- T1/T2の解析のための面積を計算する範囲を設定します。Arrayデータの場合に表示されます。

「縦軸拡大」：縦方向を拡大率の数値によって拡大します。
「縦Offset」：縦方向にスペクトルを移動します(+1.0で画面一番上へ，0で画面一番下へ)。
「横軸拡大」：横方向を拡大率の数値によって拡大します。
「横移動」：横方向にスペクトル表示区間を移動します。
「パラメータの表示」：測定パラメータを表示します（図3-5）。

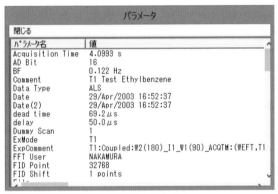

図3-5 測定パラメータの表示

「Data No」：Arrayデータの通常表示の場合に，表示するデータ番号をリストの中から選択・指定します。Arrayデータで通常表示の時に有効になります。Arrayデータでない場合や，スタック表示の場合は表示されません。

3-2 基本メニュー

どのような操作モードでも使えるメニューです。ただし，使えないメニューは選択できないようになっています。主メニューは，「ファイル」「編集」「表示／環境」「Array(T1/T2)データ」「ピーク（波形）分離」「その他」です。

3-2-1 ファイルメニュー

図 3-6 ファイルメニュー

「読込」：WindowsファイルのNMRデータを読み込みます。FT変換済みのデータは表示へ進み，未変換のデータはFT変換ウィンドウへ進みます。

「読込(T1/T2)個別ファイル」：緩和時間測定（T1/T2）データのように時間ごとのデータをまとめて読み込みます。Arrayデータの処理ができます。一体となっているデータは前記「読込」で自動的に判別して読み込みます。

「ファイルタイプの設定」：「読込」においてファイル一覧に表示させるファイルの種類を設定します。

「解析出来るファイルについて」：取り扱えるファイルの種類と，必要なファイルを表示します。

「名前を付けて保存」：表示してあるFT変換済みのデータをWindows(MS-DOS)ファイルとして保存します。形式は，本アプリケーション形式(*.rm1, *.rmo または *.rmo1)，旧アプリケーションVer.3形式(*.rm1)，Alice2形式(*.als)，ASCII形式，および JCAMP形式です。

「差スペクトルのみを保存」：差スペクトルモードのときに差スペクトルを保存します。

「重ね書きを保存」：重ね書きのスペクトルデータを個別に保存します。保存形式は，主スペクトルと同じです。

「積分曲線を保存(ASCII形式)」：積分曲線をASCII形式のWindows((MS-DOS)ファイルで保存します。

「印刷(スペクトル)・編集」：表示してあるスペクトルをプリンターへ印刷します。プリンターは，システムで設定してあるプリンターです。プレビュー画面は簡易Drawになっていますので，直線・矢印・図形・文字を付け加えて印刷することができます。また，印刷と同じ画面をビットマップ(BMP)形式やPNG形式のWindows(MS-DOS)フ

ァイルとして保存できます。

「ピークリストの印刷」：ピークピッキングで検出したピークの数値データを印刷します。

「ピークリストをファイルに保存」：ピークリストをWindows(MS-DOS)テキストファイルとして保存します。

「積分リストの印刷」：積分の範囲・強度等のリストを印刷します。

「積分リストをファイルに保存」：積分リストをWindows(MS-DOS)テキストファイルとして保存します。

「印刷(Arrayデータの選択範囲の積分強度)」：Arrayデータ(T1/T2等)の計算に使う区間の積分値のリストを印刷します。

「1～20・・・」：これまでに読み書きしたファイルの履歴を表示します。各ファイルをクリックすると，それを読み込みます。

「履歴の削除」：前記のファイルの履歴を削除します。

「終了」：このアプリケーションを終了して，システムに戻ります。

注：Alice2で読める形式(*.als)で保存するには，メニュー「**表示/環境 － 動作環境の設定**」で表示されるウインドウ中で「***.als形式での保存を許可する**」にチェックをしてください。また，Ver.3形式で保存するには，同様に「**Ver.3形式での保存を許可する**」にチェックをしてください。ファイルメニューに「**名前を付けて保存－Alice2形式(*.als)**」，および「**名前を付けて保存－Ver.3形式(*.rm1)**」が表示されます。

　なお，Ver.3のアプリケーションをVer.3.7.18以降にアップデートすれば，Ver.4形式データも読み込めますので，Ver.3形式で保存する必要はほとんどありません。

3-2-2　編集メニュー

「取り消し」：編集作業で，誤って操作したり削除したときなどに，前の状態に戻します。拡大率の取り消しは基本ツールバーのボタンで行います。

「位相補正(Phase)」：FT変換時に補正したものを再補正します。

「Reference設定」：基本スペクトルのReferenceの設定を行います。

「ベースライン補正」：FT時のベースラインのうねり等を補正します。ただし，ベースラインを補正するのはデータの実数部分のみです。従って，

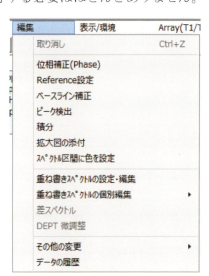

図3-7　編集メニュー

この補正を行った後は，正確な位相補正は行えません。

「**ピーク検出**」：スペクトルのピークの高さ・位置を検出します。このデータは，「**ピークリストの印刷**」によって印刷できます。また，印刷するスペクトル図中に添付することもできます。

「**積分**」：スペクトルの積分を行います。

「**拡大図の添付**」：スペクトルの部分拡大図（縮小）を画面上に添付します。

「**スペクトル区間に色を設定**」：スペクトルの一部区間に色をつけます。

「**重ね書きスペクトルの設定・編集**」：比較のためのスペクトルを，基本スペクトルを含め全部で20個まで重ね書きを行います。

「**重ね書きスペクトルの個別編集**」：重ね書き編集用の別ウインドウを開き，そこで当該スペクトルの編集(Referenceの設定，位相補正，ベースライン補正，積分，ピークの検出，コメントの修正)を行います。なお，積分，ピーク値はデータとして保存されていますが，印刷はできません。個別に保存すると利用できるようになります。

「**差スペクトル**」：基本スペクトルから指定の重ね書きスペクトルを差し引いたスペクトルを表示します。

「**DEPT微調整**」：DEPT45, DEPT90, DEPT135のスペクトルからCH, CH_2, CH_3 のピークのみの各スペクトルに変換する係数を調整します。

「**その他の変更**」：

   a．「**スペクトルの左右反転**」：スペクトルとケミカルシフトとの対応を反転します。

   b．「**パラメータの修正**」：測定時のパラメータのうち解析に影響のないものの修正を行います。

「**データの履歴**」：測定時から現在までの編集・修正の履歴を表示します。履歴はデータファイル（*.rm1 や *.rmo）に保存されています。

図3-8　編集・その他の変更メニュー

3-2-3　表示/環境メニュー

「**表示範囲の変更**」：スペクトルの表示範囲を変更します。

「**編集用表示 Font・色・線の変更**」：編集画面（現在の画面）の様々な書式を設定します。横軸の単位（ppmとHz, kHz）の変更，横軸の形式，フォントの変更などを行います。

「印刷用表示 Font・色・線の変更」：印刷際の様々な書式を設定します。横軸の単位（ppmとHz，kHz）の変更，横軸の形式，フォントの変更などを行います。スペクトルや座標軸などの印刷時の色や，線の太さの変更も行います。

「グリッドの設定」：編集画面・印刷面上にグリッドを表示させるかの設定，グリッド間隔の設定を行います。

「動作環境の設定」：アプリケーション立ち上げ等の基本的な動作環境を設定します。

「全てを表示」：積分・拡大図・ピーク位置・重書などの全てが操作時にも表示されます。このモードの時にはチェック（✓）が付きます。表示を消すには次の**「表示するもの」**で行ってください。印刷時には関係しません。

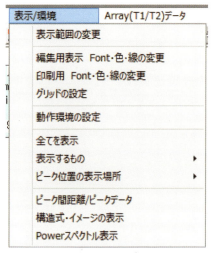

図3-9　表示／環境メニュー

「表示するもの」：これを選択すると次のサブメニューが表示されます。ピーク位置の表示場所以外は**印刷には関係**しません。それぞれの，サブメニューは，クリックするたびに交互に表示・非表示モードになります。

   a.「積分」：積分曲線と積分値の表示をON/OFFします。✓が付いている時は積分が表示されます。

   b.「積分BaseLine」：積分曲線のBaseとなる線の表示をON/OFFします。✓が付いている時は積分BaseLineが表示されます。

   c.「ピーク位置」：ピーク位置の表示をON/OFFします。✓が付いている時はピーク位置の数値が表示されます。

   d.「ピークトップの印」：ピークトップにマークを表示するか/しないかを設定します。✓が付いている時はピークトップにマークが表示されます。

図3-10　表示サブメニュー(1)

   e.「ピーク番号」：ピークトップにピーク番号を表示するか/しないかを設定します。✓が付いている時はピークトップにピーク番号が表示されます。

   f.「拡大図」：拡大図の表示をON/OFFします。✓が付いている時は拡大図が表示さ

れます。拡大図中に表示される内容の変更は拡大図をマウスで右クリックすると変更モードになります（3-4-6 拡大図の添付を参照）。

g. 「重ね書き」：「重ね書き」のデータが読み込まれているときに，これの表示をON/OFFします。✓が付いている時は「重ね書き」のデータが表示されます。

h. 「スペクトル区間色」：スペクトルの一部に色を設定した場合，この色の表示をON/OFFします。✓が付いている時は色が表示されます。

i. 「グリッド」：グリッドの表示をON/OFFします。✓が付いている時はグリッドが表示されます。

「ピーク位置の表示場所」：ピーク位置の数値をスペクトルの上方に表示するか，下に表示するかを選択します。印刷時にはこの設定にしたがって印刷します。

「上」を選択するとスペクトルの上方に表示します。

「下」を選択するとスペクトルの下方に表示します。

「ピーク間距離/ピークデータ」：カーソルで設定した2つの位置間隔や，カーソル位置の情報を表示するウインドウの表示をON/OFFします。✓が付いている時は表示されています。

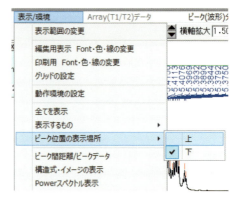

図3-11　表示サブメニュー(2)

「構造式・イメージの表示」：構造式やイメージなどを常時表示するウインドウの表示をON/OFFします。✓が付いている時は表示されています。

「Powerスペクトル表示」：基本スペクトルを絶対値（Powerスペクトル）で表示するかをON/OFFします。✓が付いている時は絶対値（Powerスペクトル）表示です。

3-2-4　Array(T1/T2)データ メニュー

T1/T2解析用のArrayデータの時に，このメニューは有効になります。このデータの表示・解析を行います。

「Arrayデータ(Stack)表示」：スタック表示（3次元的に表示）と1画面ずつの表示を切り替えます。チェック（✓）が付いているときはスタック表示です。

「Arrayデータを逆順に表示」：スタック表示

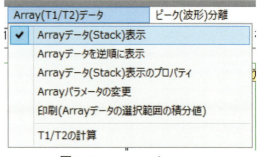

図3-12　Array メニュー

のパラメータ順番を入れ替えます。

「Arrayデータ(Stack)表示のプロパティ」：スタック表示時の，時間軸の傾き等の設定を行います。

「Arrayパラメータの変更」：T1/T2測定時のパルス間隔などのパラメータの変更を行います。

「印刷(Arrayデータの選択範囲の積分値)」：T1/T2の解析に使う，ピーク選択範囲の面積・強度のリストを印刷します。

「T1/T2の計算」：T1/T2の解析ウインドウを開きます。T1/T2測定パラメータとピーク強度から非線形最小二乗法でT1/T2の値を算出します。

3-2-5 ピーク（波形）分離メニュー

現在のスペクトルデータ（基本スペクトル）を用いてピーク（波形）分離のためのウインドウを開きます。

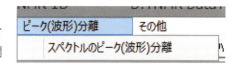

図3-13 ピーク(波形)分離メニュー

3-2-6 その他 メニュー

「パラメータファイルの編集」：印刷時に使うパラメータファイルの整理・編集を行います。

「Operator名の追加・削除」：測定者名の登録・削除を行います。測定者名は印刷に使います。

「Reference用装置Dataの整理」：測定装置の測定周波数（正確な）等，主要データの整理を行います。

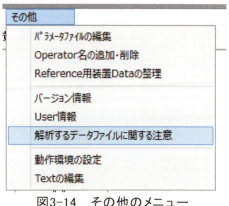

図3-14 その他のメニュー

「バージョン情報」：本アプリケーションのバージョン・作成日時を表示します。

「User情報」：現在このアプリケーションに使っている設定ファイル名等を表示します。

「解析するデータファイルに関する注意」：取り扱えるファイルの種類と，必要なファイルを表示します。

「動作環境の設定」：起動・プリンターなどの種々の設定を行います。

「Textの編集」：リッチテキストファイルの表示・編集を行います。

3-3 ファイル

フーリエ変換するためのFIDデータや，変換後のスペクトルデータを読み込みます。また，編集後のスペクトルの印刷や保存もここから行います。

3-3-1 読込

このメニューを開くと以下のダイアログが表示されます。扱い方はWindowsのファイルのメニューと同じです。

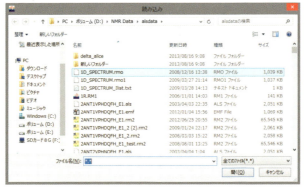

図3-15 ファイルの読み込みダイアログ

本アプリケーション独自形式を始め，ほとんどのNMRデータに対応しています。たとえば次のファイル等です。

- a) 独自形式(*.rm1,*.rmo1 等)　　　変換済み
- b) アリス形式(*.als)　　　　　　　未変換，変換済み
- c) EX,GX,GSX形式(*.gxd)　　　　未変換，変換済み
- d) Bruker UNIX　　　　　　　　未変換(fid)，変換済み(1r, 1i)
- e) JCAMP形式(*.dx,*.jdx)　　　　未変換，変換済み

詳しくは，以下の**3-3-4 解析できるファイルについて**をクリックして，その内容を見てください。

いずれの場合もWindowsで扱えるファイル（MS-DOSファイル）である必要があります。

ファイルリストの目的のファイルをダブルクリックするか，クリックした後，「開く」をクリックすると読み込みを開始します。

DEPTやT1/T2測定などのように複数のデータが1つのファイルに入っている場合は，図3-16のようにDEPTとして読み込むか，Arrayデータ（ある

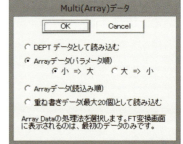

図3-16 Multi(Array)データ読み込み設定

パラメータを変化させて連続的に測定したデータ）として読み込むか，重ね書きにするかを選択してください。

T1/T2測定において，Arrayデータが個別のデータファイルになっている場合は次の3-3-2 **読込（T1/T2個別ファイル）**を使って読み込んでください。

Brukerの装置で測定したFIDデータのうち，AD変換器がSingleモードで使用したデータは，フーリエ変換時に特別な補正が必要です。測定装置・モードによって適切な方法を選んでください（図3-17）。普通は，データ中に記録されている測定モードが表示されるのでそのままOKを選べばよいようになっています。

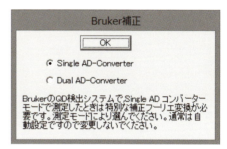

図3-17　Brukerデータ補正設定ウインドウ

3-3-2　読込（T1/T2個別ファイル）

緩和時間（T1/T2）測定において，Arrayデータが個別のデータファイルになっている場合には，このメニューから読み込みます。解析に必要な複数のファイルを選択できます。**CTRLキー**を押しながら，必要なファイルをクリックします。

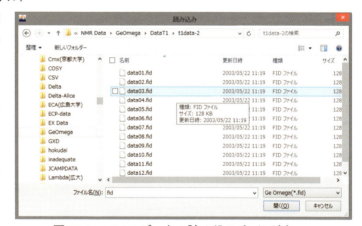

図3-18　T1/T2データの読み込みウインドウ（個別ファイル）

3-3-3 ユーザー設定のファイルタイプ

前述の「**ファイルの読み込み**」ダイアログ（**図3-15**）でファイルの種類のBoxで表示されるファイルの拡張子を選択します。5種まで選択できます。**図3-19**の中の「**ファイルの種類**」のBoxの中から必要な拡張子を選択してください。「**確定**」をクリックすれば設定が保存されます。

拡張子が決まっていないファイル，または，無いファイルの種類は選択できません。この場合は，「**ファイルの読み込み**」では，すべてのファイル(*.*)を選択してください。

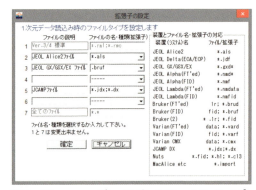

図3-19　ユーザー設定のファイルタイプウインドウ

3-3-4 解析できるファイルについて

NMRのデータは，装置の種類によってデータファイルの名前や拡張子，パラメータファイルなどが決まっています。このメニューをクリックすると図3-20のように，装置の種類ごとに必要なファイルに関する注意が表示されます。

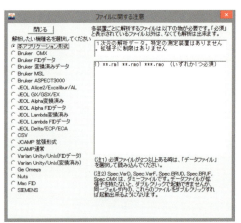

図3-20　解析できるファイルについての注意 ウインドウ

3-3-5 名前を付けて保存

(1) Ver.4形式(*.rm1, *.rmo, *.rmo1)

このメニューを開くと図3-21のダイアログが表示されます。「**保存する場所**」にドライブ／ディレクトリーをセットして，ファイル名を入力後，「**保存**」をクリックすると保存されます。保存形式は独自形式(*.rm1, *.rmo, *.rmo1)です。積分，拡大図，ピーク値，シミュレーション，印刷設定等の印刷時の全てのデータも一緒に保存されます。データの形式は基本的には2

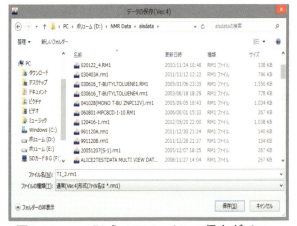

図3-21　rm1形式でのファイルの保存ダイアログ

次元データと同じですが，拡張子を rm1 として2次元データと区別していす。また，拡張子*.rm1，*.rmo，*.rmo1の選択は，メニュー「**その他 － 動作環境の設定**」で設定できます。

(2) Ver.3形式(*.rm1)

このメニューを開くと（1）と同様のダイアログが表示されます。旧データ形式(Ver.3)で保存できます。

(3) Alice形式(*.als)

このメニューを開くと**図3-22**のダイアログが表示されます。「**保存する場所**」にドライブ/ディレクトリーをセットして，ファイル名を入力後，「**保存**」をクリックすると保存されます。

保存形式はAlice形式(*.als)です。積分，拡大図，ピーク値等のデータも一緒に保存されます。

図3-22　als形式でのファイルの保存ダイアログ

(4) JCAMP(拡張)形式(*.jdx)

UV，IRやNMRの国際的に共通のデータFormatである，JCAMP形式(The Joint Committee on Atomic and Molecular Physical Data)でデータを保存します。スペクトルデータ（実部と虚部）のみ保存されます。保存ダイアログは，「ASCIIで保存」とほとんど同じです。

(5) JCAMP(縮小)形式(*.dx)

上記と同様のJCAMP形式ですが，実部のみ保存されます。

(6) ASCII形式(*.txt, *.dat, *.asc)

このメニューでの保存形式はASCII形式で拡張子は *.txt，*.dat，または *.asc です。

ファイルの内容は1行ずつ次の形式で書かれています。OriginやExcel等の計算ソフトウエアーで読み込むことができます。

　　　　ケミカルシフト，強度(実部)，強度(虚部)
　　　　　・・・　　　，・・・，・・・
　　　　　・・・　　　，・・・，・・・

3-3-6 重ね書きを保存

重ね書きのスペクトルだけを保存するときは図3-23のように保存する形式とスペクトル番号を指定してください。保存されるデータの形式は通常の１次元データと同じです。Arrayデータや波形分離のデータが重ね書きとして組み込まれていた時は，そのデータも保存されます。ただし，印刷の設定は保存されません。

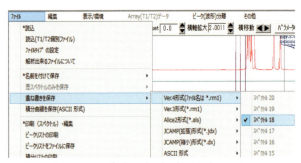

図3-23　重ね書きを保存するときのメニュー

3-3-7 積分曲線を保存（ASCII形式）

積分データが存在する時に曲線をASCII形式でファイルに保存します。スペクトルのデータ形式と同じです。

3-3-8 印刷（スペクトル）・編集

現在ウインドウに表示されているスペクトルの印刷（プロット）と印刷に付随する編集を行います。詳しくは後述の3-10　印刷・編集を参照してください。

3-3-9 印刷（ピークリスト）

ピーク検出（編集）で検出したピークのリスト（ケミカルシフト・強度）を印刷します。印刷先はプリンター名で設定します。「ＯＫ」をクリックすれば，プレビューを表示後，印刷を開始します。取りやめは「キャンセル」をクリックします。印刷時のフォント，リストの形式はプレビューで設定可能です。

印刷例を図3-25に示します。

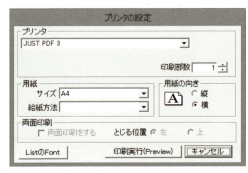

図3-24　ピークリスト印刷ダイアログ
「システム既定のプリンターを変更しない」設定の場合の表示

```
File   D:\NMR Data\alsdata\TMBCD_1D[1].rmo1          04/May/1999 09:57:44
Comment:   BCD_in_H2O_CD3CN                          PEAK           22
                                                     MXINT    0.9161597
Data No.= 1                                          RESOL    0.4882813 Hz
No.    ppm       Hz       Amp     Height             RESOL    0.0012214 PPM
 1    3.083   1232.56   0.03455    3.86              EXREF    1.9130000 PPM
 2    3.092   1235.98   0.03534    3.95              ABOBS  399784.4938965 KHz
 3    3.107   1242.33   0.03843    4.29              NGAIN          1
 4    3.116   1245.74   0.04056    4.53              COMNT   BCD_in_H2O_CD3CN
 5    3.227   1290.18   0.52931   59.13
 6    3.363   1344.38   0.47704   53.29              NO.    PPM      INT(%)    FREQ(Hz)   POSITION  BAR GRAPH
 7    3.376   1349.75   0.03994    4.46               1    3.08307   3.77111   1232.559   7484
 8    3.398   1358.54   0.05102    5.70               2    3.09162   3.85733   1235.977   7477
 9    3.423   1368.30   0.04021    4.49               3    3.10749   4.19456   1242.325   7464
10    3.446   1377.58   0.04053    4.53               4    3.11604   4.42748   1245.743   7457
11    3.481   1391.74   0.47246   52.78               5    3.22719  57.77519   1290.177   7366   +++++++++++
12    3.515   1405.41   0.05057    5.65               6    3.36276  52.06998   1344.376   7255   +++++++++++
13    3.537   1414.20   0.03131    3.50               7    3.37619   4.35984   1349.747   7244
14    3.658   1462.54   0.03057    3.42               8    3.39818   5.56944   1358.536   7226   +
15    3.684   1472.79   0.02579    2.88               9    3.42261   4.38876   1368.302   7206
16    3.700   1479.14   0.03470    3.88              10    3.44581   4.42384   1377.579   7187
17    3.710   1483.05   0.02365    2.64              11    3.48123  51.56953   1391.739   7158   +++++++++++
18    3.727   1489.88   0.02810    3.14              12    3.51543   5.51939   1405.411   7130   +
19    3.736   1493.79   0.01960    2.19              13    3.53741   3.41780   1414.200   7112
                                                     14    3.65833   3.33676   1462.540   7013
```

図3-25　ピークリストの印刷例
左：簡易形式　　右：JEOL形式

3-3-10　ピークリストをファイルに保存

上記の印刷データと同じ様式(ASCIIデータ)でファイルに保存します。

3-3-11　積分リストの印刷

積分データを印刷します。印刷されるデータは，積分強度，積分区間等です。

```
List of Integral Intensity
File   D:\NMR Data\alsdata\TMBCD_1D[1].rmo1
Comment:   BCD_in_H2O_CD3CN

No.  Start(ppm)   End(ppm)   Integral    B0/Ymax     B1/Ymax
 1     5.2339      4.8968      1.0      -0.000117    0.006937
 2     4.2751      3.9478      4.1987   -0.000127    0.015649
 3     3.7939      3.5985      1.8731   -0.000365   -0.119194
 4     3.5802      3.2858      8.6776   -0.001459   -0.067136
 5     3.2809      3.1515      2.822    -0.002502    0.17694
 6     3.1392      3.0147      0.9098   -0.001459    0.197478
```

図3-26　積分リストの印刷例

3-3-12　積分リストをファイルに保存

上記の印刷データと同じ様式(ASCIIデータ)でファイルに保存します。

3-3-13　印刷(Arrayデータの積分リスト)

緩和時間T1/T2測定などのArrayデータの計算に使う積分強度を印刷します。

```
File   D:\NMR DATA\ALSDATA\T1_2.RM1
Comment:   T1 Test Ethylbenzene

Start: 1.053 ppm
End:   1.518 ppm
No.   Parameter    Intensity
 1      0.01       -0.76377
 2      0.20       -0.65441
 3      0.30       -0.60642
 4      0.50       -0.52689
 5      0.80       -0.42173
 6      1.00       -0.36832
 7      2.00       -0.15143
 8      3.00        0.00342
 9      5.00        0.25661
10     15.00        1.00000
```

図3-27　Arrayデータの積分リストの印刷例

3-3-14　履　歴

読み込み，または保存したファイルの名前が20個まで順に表示されています。

これをクリックすると，再度読み込みができます。ファイルの保存場所を探す手間が省けます。20個を越えると，古いものから消去されます。

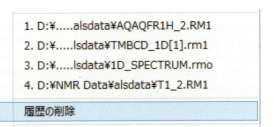

図 3-28　履歴，履歴の削除

3-3-15　履歴の削除

上記のように，ファイルは「**ファイル**」メニューの履歴に最近の20個まで表示され，これをクリックすることで読み込むことができます。不要の場合で，削除するときは，ここをクリックします。ただし，一括でしか削除できません。

3-3-16　終　了

下図のような終了ウインドウが表示されます。もとの画面に戻るときは「**終了をキャンセル**」をクリックします。現在のデータを保存するときは「**保存する**」を，現在のデータを破棄するときは「**保存しない**」をクリックします。

図3-29　終了ウインドウ

3-4 編　集

「編集」の各操作から他の操作へ移れますが，操作の終了（閉じる）を聞いてくるものがあります。

3-4-1 位相補正

位相補正は原則としてフーリエ変換時に行いますが，この操作で後から修正できます。操作はツールバーで行います。

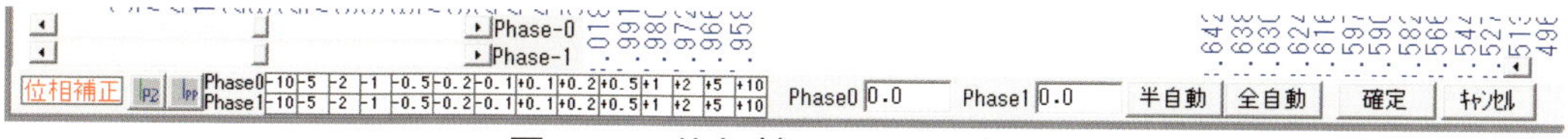

図3-30　位相補正ツールバー

- Phase0（0次の補正）を合わせるためのピボット位置(pp)を指定します。
- Phase1（1次の補正）を半自動で合わせるための基準ピーク(p2)を指定します。

「Phase0」：Phase0(スペクトル全体の位相)の値を枠内の数値だけ変化させます(単位は度)。
「Phase1」：Phase1(ケミカルシフトに依存した位相)の値を枠内の数値だけ変化させます。
　　　　　(単位は度) ppの位置では常に0です。
「数値入力」：Phase0:補正値を直接入力。
　　　　　　Phase1:補正値を直接入力。
「半自動」：ppとp2を手動で設定後，補正値は自動で合わせます。
「全自動」：pp，p2と補正値を全て自動で合わせます。
「確定」：補正したスペクトルを確定して，位相補正を終了する。
「キャンセル」：補正する前の状態に戻して，位相補正を終了する。

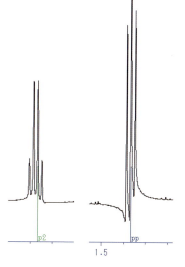

図3-31　ppおよびp2点の設定

(1) 位相補正の仕方

0次の補正(Phase0)：まず，ツールバー上の ボタンをクリックし，青いカーソルをピボット(pp)のポジションに設定します（図3-31）。この位置のピークはPhase1の操作では位相は変化しません。次に，Phase0に補正値を入力してリターンキーを入力するか，Phase0の数値をクリックしま

す。その値がPhase0の値に加わり画面上のスペクトルは補正された状態に変わります。pp位置のピークが左右対称になるようにします。

1次の補正(Phase1)：次にPhase1を使ってppからなるべく離れた位置のピークの位相を同様に合わせます。

「実行」をクリックすると，補正されたスペクトルが確定し，このモードを終了します。

「キャンセル」をクリックすると，現在の補正を破棄して，最初のスペクトルに戻し，位相補正モードを終了します。

　これらの操作は何度でも繰り返せます。

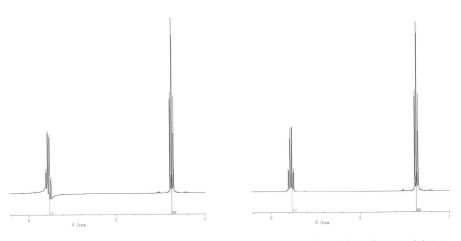

　　図3-32　位相補正前のスペクトル　　　　図3-33　位相補正後のスペクトル

　「全自動」または**「半自動」**ボタンをクリックすると自動で補正できますが，スペクトルの形によってはうまくいかない場合があります。そのときは手動で設定してください。また，スライドバーを動かすことによってPhase0，Phase1を変化させることができます。

3-4-2　Referenceの設定

　通常，NMRのケミカルシフトは基準物質（Tetramethylsilane（TMS）のmethyl基）のピークとの共鳴周波数の差をppm単位で表します。他のピークでもケミカルシフトがわかっていれば（溶媒のピーク等）TMSでなくても設定できます。ここでは，この基準の値をスペクトル中に設定する操作を行います。任意のピークを選んで，それにRef値で指定した値を設定できます。

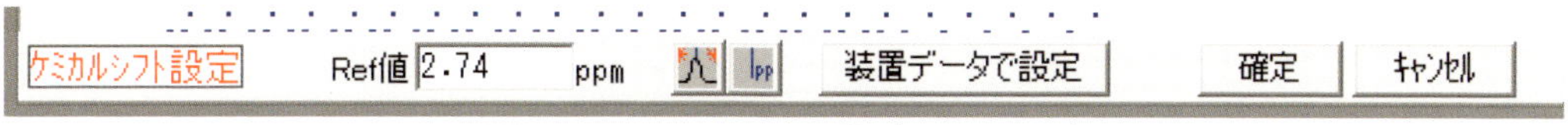

図3-34 Reference設定ツールバー

「Ref値」：設定するReferenceの値を入力しておきます。

⋏　ピークトップを検出するモードにします。

┃PP　「カーソル位置に設定」モードにします。

「装置データで設定」：以前に行ったReference設定に基づいて設定します。

「確定」：表示されているReferenceの設定を有効にし，この操作を閉じます。

「キャンセル」：操作の設定を無効にし，もとの状態に戻して操作を閉じます。

(1) 設定の仕方（ピークに合わせる）

まず「Ref値」に設定するReferenceの値を入力しておきます。たとえばTMSに設定したければ 0.0 ppm を入力しておきます。溶媒のピークを基準とすることもできます。次に，⋏ でピークトップ検出モードにして，右図のようにケミカルシフトを設定するピークを挟みます。このとき，範囲内の最も高いピークがピークトップとして設定されます。

注：Refに数値を入力しただけではRef値は変更されません。

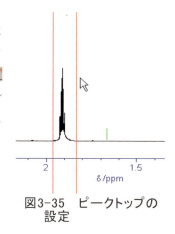

図3-35　ピークトップの設定

(2) 設定の仕方（カーソル位置に合わせる）

「Ref値」に設定するReferenceの値を入力しておきます。これには，TMSのようにケミカルシフトのわかっているピークを選びます。次に，┃PPでカーソル位置モードにして，設定したい場所でマウスをクリックすると，その場所のケミカルシフトが設定値になります。ただし，この方法は，ピークトップに合わせられない場合に使ってください。たとえば，ピークが下向きの場合など（DEPT等）に使います。

(3) 設定の仕方［装置データで設定］

以前に行ったReference設定が保存されていますので，装置・溶媒・核種が同じであれば，それに基づいて設定します。ただし，あまり以前の場合や，測定温度が違う場合は合わない場合があります。

3-4-3 ベースライン補正

スペクトルのベースラインが曲がっていたり，0点からズレている時，これを補正するために行います。特に，積分するときや，ピーク検出を行う時には前もって行う必要があります。また，縦方向に大きく拡大するときにも補正していたほうが，ベースラインがズレないので好都合です。

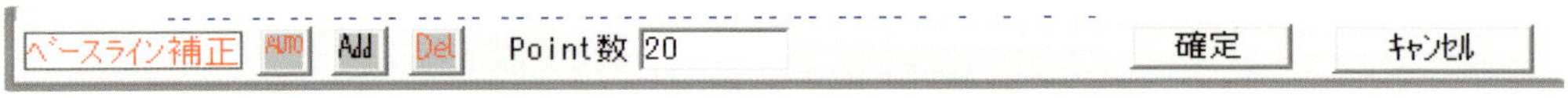

図3-36　ベースライン補正ツールバー

　自動補正を行います。
Add　補正点を追加するモードにします。
Del　補正点を削除します。

「Point数」：補正点の検出・平均値の計算のためのデータ点数。
「確定」：補正結果を確定し，補正を終了します。
「キャンセル」：補正前の状態に戻し，終了します。

(1) 補正の行い方（自動補正）

をクリックすると，自動的にピークのないところを探し，「Point数」で設定されたデータ点を平均し，それを高さ0に合わせます。補正点は下図のように×印がつきます。画面のスペクトルは補正した結果です。これをさらに修正したいときは続けて次の(2)の操作を行ってください。これでよければ，「OK」をクリックして終了します。ただし，**手動補正**の方が不要な点を選ぶことがないので，可能な限り手動で行ってください。

(2) 補正の行い方（手動補正）

補正した方がよいのに×印が付いていない時や，はじめから手動で補正を行い時はAddのボタンをクリックして，追加モードにした後，補正したいところを，カーソルで指定してください。画面は常に補正後の状態が表示されます(図3-39)。また，ピークの上に×印があって，補正しない方がよいポイントはDelをクリックして削除モードにし，×印の上をクリックすると，補正点が削除されます。よければ，「OK」をクリックして終了します。

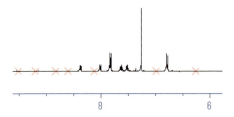

図3-37　ベースラインの補正点の設定

(3) 補足事項

1. 補正点は最大で1000点です。
2. ベースライン補正を行うと正確な位相補正ができなくなります。この操作を行う前に位相は完全に合わせておいてください。
3. 補正点はピークにかからないようにしてください。かえってベースラインが歪むことがあります。
4. 補正点の追加・削除はメニューの「**取り消し**」で5回前まで戻せます。

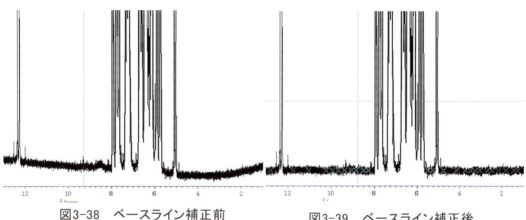

図3-38　ベースライン補正前　　　図3-39　ベースライン補正後

3-4-4　ピーク検出

ピーク位置のリストを印刷したり，ピーク位置をスペクトル印刷時に添付するためのデータを作成します。検出できるピークの数は最大で1000個です。ピークデータは「**ファイルの保存**」でスペクトルデータとともに保存されます。

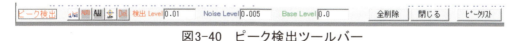

図3-40　ピーク検出ツールバー

- 現在の表示範囲内でピークの検出を行います。
- 全測定範囲のピークの検出を行います。
- Add　ピークを追加するモードにします。
- ピークを削除するモードにします。

「**検出Level**」：ピークと見なせる高さの最小値(Threshold Level：TH)を設定します。
「**Noise Level**」：ノイズレベル(NL)の設定。これ以下の変化はピークとは見なしません。

「Base Line」:ベースラインの位置(BL)の設定
　　TH, NLのレベルはこれとの差を使います。ベースライン補正後であれば0に設定します。
「全削除」:ピークリストを削除します。
「閉じる」:ピーク検出モードを終了します。
「ピークリスト」:検出されたピークリストを表示します。

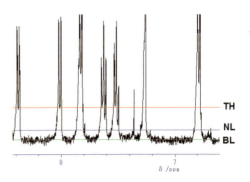

図3-41　TH,NL,BLの設定

(1) ピーク検出の操作

　マウスで緑色の横線をスペクトルのベースラインの中央に合わせます。ベースライン補正をした後では、「Base Line」を0に設定すれば特に合わせる必要はありません。

　次に、マウスで青色の横線(NL)をスペクトルのベースラインのノイズ幅の上くらいに合わせます。NLとBLの幅がノイズとみなされ、この幅以上の変動があるピークで、かつTHより高いピークをピークデータとして検出します。

　画面の赤い横線をマウスで移動してTHを設定します。この高さより高いピークが、ピークデータの候補となります(図3-41)。

　最後に▨または▨をクリックして、ピークを検出・登録します。

　検出されたピークには、スペクトル上でピークの上にマークとピークのケミカルシフト値が表示

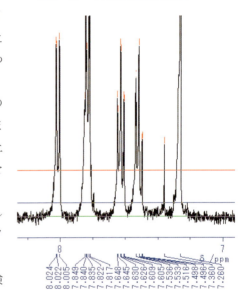

図3-42　検出されたピーク

されます(図3-42)。結果は「ピークリスト」ボタンをクリックすると一覧表となって確認でき、印刷もできます。

(2) ピークの追加

　上記(1)で検出されなかったピークや、次の削除で誤って消したピークを再度登録するために行います。

　Addをクリックして、「追加モード」にし、登録したいピークの上にカーソルを持っていき、マウスをクリックすると、カーソルに一番近いピークで、登録されていないピークが

リストに追加されます。検出はNLとBLの設定に従いますが，TH以下の高さのピークも検出されます。

(3) ピークの削除

溶媒ピークなどの必要のないピークを，リストから削除します。

Delをクリックして，「**削除モード**」にし，削除したいピークの上に，カーソルを持っていき，マウスをクリックすると，カーソルに一番近くて登録されているピークが削除されます。

(4) ピークのリスト

ピークのリストを表示します。印刷もできます。

(5) 補足事項

ピークの追加（自動・手動）・削除・全削除はメニューの「**編集 — 取り消し**」で5回前まで戻せます。

3-4-5 積　分

ピークの面積を計算します。これにより原子の数が計算できます。積分データは「**ファイルの保存**」でスペクトルデータとともに保存されます。

図3-43　検出されたピークのリスト

図3-44　積分ツールバー

- Add　積分曲線（区間）を追加します。
- 　　　積分曲線（区間）を2つに分割します。
- Del　積分曲線（区間）を消去します。
- SELECT　変更する積分データを選択します。
- 　　　積分曲線を拡大・縮小します。
- 　　　積分曲線を上下に移動します。

「Ref」：積分値の基準値を入力します。

SET　積分値の基準値を該当積分曲線（区間）に設定。

「B0」：積分曲線の0次の補正値を入力します。

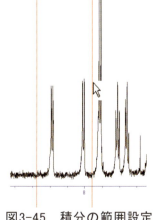

図3-45　積分の範囲設定

「B1」：積分曲線の1次の補正値を入力します。
ADJ 一番大きな積分曲線の高さをFull Scaleの0.8倍に揃えます。
「全削除」：積分データをすべて消去します。
「閉じる」：積分モードを終了します（直前の積分データが残ります）。
「積分リスト」：積分データをリスト表示します。

(1) 積分区間の設定・追加

Addをクリックして，追加モードにします。

図3-45のようにマウスで積分範囲をドラッグするとその範囲が積分区間となります。

図3-46 積分の表示例

積分区間が設定されると図3-46のように積分のベースラインが赤色の線で表示されます（対象となっていない区間は青色）。ピークがないところでは積分曲線が水平になるようにB0，B1を変更しますが，積分区間の両側にある四角点をマウスでドラッグしてスペクトルの線上に置けば図3-46のようにB0，B1は正しくなります。B0，B1の値を直接変更することもできます。

この操作を繰り返し，最大で200区間設定できます。

(2) 積分値の変更

積分曲線の右上には，その積分値が表示されています。この値は，ある積分値を基準にして，相対値で表示しています。したがって，この基準となる積分区間と積分値を設定する必要があります。積分値の初期値は1で，基準の積分区間は一番最初に作成した積分区間です。これを変更するには，まず，「Ref」に基準の積分値を設定します。次にSETをクリックして，カーソルを設定したい積分区間にもっていき，クリックすると，全積分区間が再計算されます。

(3) B0, B1の変更

積分区間の両側にある四角点をマウスでドラッグしてスペクトルの線上に置けばB0，B1は自動的に正しくなります。

一方，B0，B1を数値で再調整するには，まずSELをクリックして「選択モード」にします。変更したい積分曲線に縦カーソルを合わせて左クリックすると，積分曲線が青色から赤色に変わります（赤色の積分曲線が現在選択されている曲線です）。B0，B1を変更して曲線を合わせます。

(4) 積分区間の分割

🖱をクリックして，分割したい積分曲線上の分割する位置でマウスをクリックすると，2つの積分区間に分割することができます。誤って分割したときは，メニュー「**編集 − もとに戻す（積分の分割）**」をクリックするともとに戻せます。

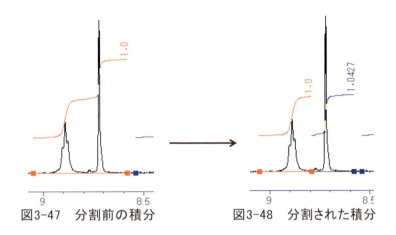

図3-47　分割前の積分　　　　図3-48　分割された積分

(5) 積分曲線の移動

積分曲線がピークにかかって邪魔なときは，上下に移動できます。✢をクリックして「移動モード」にします。移動したい曲線にマウスを合わせ，左ボタンを押したまま移動させます。希望の位置でボタンを放すと，積分曲線はそこで固定されます（左右には移動できません）。

(6) 積分曲線の高さの変更

積分曲線の大きさ（高さ）を変更したい時に行います。✢をクリックして「高さ変更モード」にします。目的とする曲線にマウスを合わせ，左ボタンを押したまま横カーソルを曲線の上辺としたい位置に移動させます。ボタンを放すとそこまでの高さに変更されます。下辺より下には設定できません。

(7) 積分曲線の削除

🗑をクリックして「**削除モード**」にして，削除したい積分曲線にマウスを合わせ，左クリックすると，その曲線が削除されます。誤って削除したときは，メニュー「**編集 − もとに戻す（積分の削除）**」をクリックするともとに戻せます。

(8) 全削除

現在の積分曲線をすべて削除します。

(9) 積分リスト

現在の積分値のリストを表示します。印刷もできます。

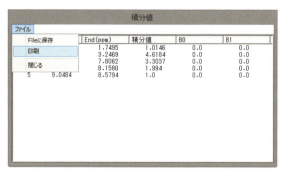

図3-49　積分のリスト

注：積分に関する操作は，「B0, B1の変更」以外は5回前まで「編集 － 取り消し(…)」によって戻せます。

3-4-6　拡大図の添付

スペクトルの一部分を拡大表示したものを印刷時に添付します。最大で20個の拡大図を表示できます。通常の表示モードで表示する事もできます。印刷時には，この表示場所とデータを用いて印刷されます。

図3-50　拡大図ツールバー

Add　拡大図を追加します。
Del　拡大図を削除します。
Sel　設定を変更したい拡大図を選択します。
「横拡大率」：新規または選択した拡大図の横軸の拡大
　　　　　　率を設定します。
「縦拡大率」：新規または選択した拡大図の縦軸の拡大
　　　　　　率を設定します。
「縦Offset」：新規または選択した拡大図の縦軸のOffset
　　　　　　を設定します。

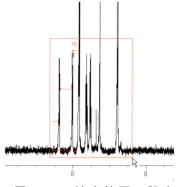

図3-51　拡大範囲の設定

「**横移動**」：新規または選択した拡大図の横方向の表示
範囲を微調整します。
- ⊠ 拡大図の画面上の位置を移動します。
- ADJU 全拡大図の下辺の位置を揃えます。

「**閉じる**」：拡大図設定モードを終了します。直前のデータが保存されます。

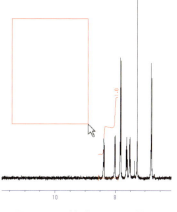

図3-52　拡大図の配置

(1) 拡大図の作成・追加

Addをクリックして「**追加モード**」にします。マウスで拡大したい部分を囲みます（赤い四角で囲まれます：図3-51）。マウスの左ボタンを離し，四角（拡大図）を置きたい位置に持って行き，左クリックすると，そこに拡大図が固定されます。この時の拡大図の拡大率は横拡大率・縦拡大率で決まります。後で変更もできます。この時の縦Offsetは，設定値に関わりなく，0または負（スペクトルのベースラインより上の部分を囲んだとき）になります。

横方向の表示範囲がズレていたときは，横矢印 ◀ ▶ で微調整します。

(2) 拡大図の削除

Delをクリックして「**削除モード**」にする。削除したい拡大図の枠の中を左クリックすると削除されます。誤って削除したときはメニュー「**編集 － 取り消し（拡大図の削除）**」で削除前の状態に戻せます。

(3) 拡大率・縦オフセットの変更

拡大図の作成後に拡大率やオフセットを変更したい場合には，まず**Sele**をクリックして「**選択モード**」にします（赤い枠で囲まれた図が対象となる図です）。縦拡大率・横拡大率・縦Offsetを変更し，適当な図に変更します。

(4) 拡大図の整列

Adjuをクリックして「**整列モード**」にする。左ボタンを押すと横カーソルが赤線に変わります。そのまま図の下辺にしたい位置に移動してボタンを離すと，全拡大図がその下辺を揃えて整列します。

42

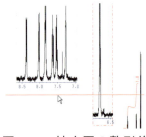
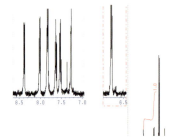

図3-53　拡大図の整列前　　　　　　　図3-54　拡大図の整列後

(5) 拡大図の移動

　■をクリックして，移動モードにします。

　移動したい拡大図をドラッグしそのままマウスを移動したい位置まで持っていき，ドロップすると，その位置に拡大図が移動します。

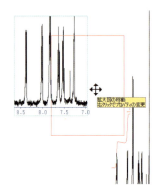

　注：「拡大図の削除」「拡大図の整列」「拡大図の移動」は操作直後であれば「**編集 － 取り消し**」によって，5回前までもとに戻せます。

図3-55　拡大図の移動

(6) 拡大図の表示形式（プロパティ）の変更

　拡大図の四角の中を**マウスで右クリック**すると，選択された拡大図が赤い枠で囲まれ，同時に下の表示が現れます。これを変更することによって拡大図ごとの表示形式を変更できます。変更すると，画面の表示も変更にしたがって変わりますが「**キャンセル**」で元に戻ります。

図3-56　拡大図のプロパティ

この動作は，拡大図が表示されていれば，「**拡大図の添付**」モードの時だけでなく他の作業中(印刷プレビュー)でもできます。

「**拡大率・表示**」：拡大図ツールバーにある項目と同じ設定をします。また，画面表示または印刷する内容を指定します。チェックがついているものが表示・印刷されます。これは印刷時にも有効です

「**座標軸等の単位**」：横軸の形式・積分値の小数点以下の桁数・ピーク位置の小数点以下の桁数などを設定します。

「**Fontの設定**」：横軸座標Font・積分値/ピーク値Fontを設定します。この指定はこの拡大図にのみ有効です。

「**確定**」：変更内容を確定して，このモードを終了します。

「**キャンセル**」：変更せずにもとの状態に戻します。「**拡大パラメータ**」などの変更により画面の表示が変わっていても，すべて操作前の状態に戻ります。

注：拡大図の操作は，5回前まで「**編集 － 取り消し(…)**」で戻せます。

3-4-7　区間色の設定

　スペクトルの一部の線色を変更します。「**スペクトル区間に色を設定**」メニューを選択します。

図3-57　区間色設定ツールバー

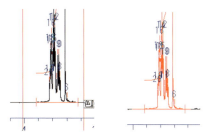

　まず設定したい色を選択します。区間色の色の部分をクリックすると色の選択になります(**図4-59**参照)。次に設定したい範囲区間をマウスでドラッグします。(**図3-58**)

「**確定**」：作業結果を確定します。

「**キャンセル**」：作業する前の状態に戻し，このモードを終了します。また、右ボタンでドラッグすると、その範囲が解除されます。

図3-58　区間色の設定
左：区間を設定　右：設置後

3-4-8 重ね書きスペクトルの設定・編集

最大20個のスペクトルを，同じ画面上に表示します。印刷もできます。

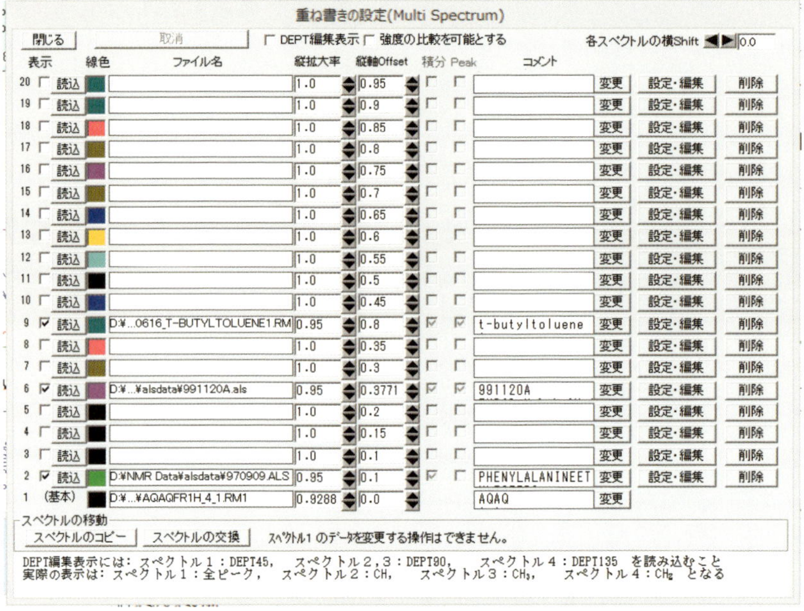

図3-59 重ね書きの読み込みウインドウ

「読み込み」：スペクトルデータを該当位置に読み込みます。操作は，3-3-1 読込と同一です。

「表示」：該当スペクトルを画面に表示するかを設定します。これがチェックされていれば，画面に表示されると同時に，印刷時に3-5-3 重ね書きを印刷に設定しているときに印刷されます。

「色」：ここをクリックしてスペクトルの色を変更します。

「ファイル名」：該当スペクトルの元ファイルの名前です。ここからは設定・変更はできません。

「縦拡大率」：該当スペクトルの縦軸の拡大率を設定します。

「縦位置のOffset」：該当スペクトルの縦方向の位置を設定します。メイン画面や，印刷プレビューにおいてスペクトルをマウスでドラッグすれば上下の移動はできます。

「コメント」：各スペクトルのコメントを追加・書き換えます。

「設定・編集」：各スペクトルの編集を行います。

「削除」：対応するスペクトルを削除します。「取り消し」でもとに戻せます。

「**縦軸をスペクトル1にNormalizeする**」：これがチェックされているときは，スペクトルの高さの基準は**スペクトル1**になります。従って，スペクトル間の大きさが比較できます。T1測定データの時などにも使えます。

チェックがないときは，各スペクトルごとに，一番高いピークの高さを1にします。つまり，各スペクトルの拡大率が1であればそれぞれのスペクトルの高さが揃うことになります。

「**各スペクトルの横Shift**」：上方に行くに従ってスペクトルを右にズラします。一番上のスペクトルの位置を画面の何倍になるか(-1.0〜1.0)で設定します。負の値では左にずらします。ズラさないときは0にします。

ここでは2番〜20番のファイルを読み込みます（1番（基本スペクトル）はメニューの3-3-1　**ファイル　ー　読込**から行ってください）。読み込むデータがフーリエ変換されていないときはフーリエ変換ウインドウが開いて変換モードになります。また，NMRシミュレーションで保存したテキストファイル(*.txt)が読み込み可能です。

(1) 重ね書きの読み込み方

「**読み込み**」をクリックすると，右図のようにスペクトルの合わせ方を聞いてきます。

読み込むファイルがフーリエ変換済みのデータファイルであれば「**ケミカルシフトで合わせる**」にします。Reference設定を行っていない場合には，「**中心周波数で合わせる**」にします。ただし，同一条件で測定している必要があります。

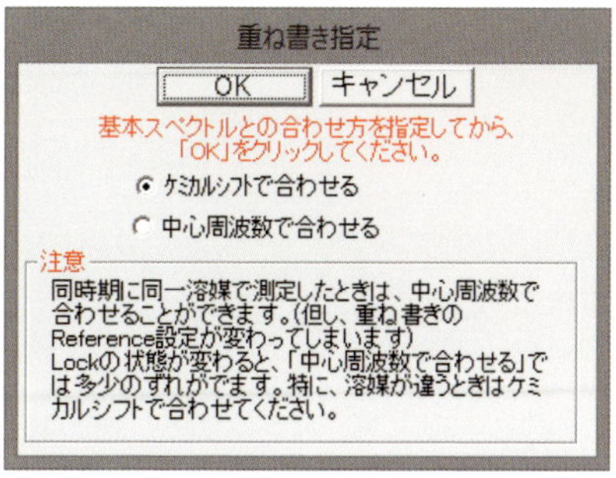

図3-60　重ね合わせ方の設定ウインドウ

「OK」をクリックすると通常のファイルの読み込みになります。必要なファイルを選択すればスペクトルが読み込まれて画面に表示されます。

「**表示**」がチェックされている間は「**重ね書き**」のモードから抜けても表示されたままです。

(2) 重ね書きの削除

「**削除**」ボタンをクリックすると，そのデータは消えます。また，「**表示**」のチェックを外すと表示及び印刷はされなくなりますがデータは残ったままです。誤って削除した場合は「**削除の取り消し**」ボタンをクリックすると回復します。

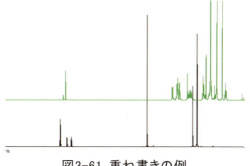

図3-61　重ね書きの例

(3) 縦軸をスペクトル1にNormalizeする

「縦軸をスペクトル1にNormalizeする」のチェックボタンのチェックがないときは，それぞれのスペクトルの大きさは，各スペクトルの最大ピークを1でNormalizeして表示されます。つまり縦方向のフルスケールを揃えて表示しています。従って，スペクトル間の大きさの比較はできません。しかし，T1測定の時のように，ピークの高さを，スペクトル間で比較するときは，「縦軸をスペクトル1にNormalizeする」をチェックして，スペクトル1（基本スペクトル）のフルスケールで表示するにします。縦拡大率を同じにする事によって積算回数，レシーバーゲインなどの測定条件が同じスペクトルのピーク強度が比較できるようになります。T1測定データがArrayデータとして読み込まれているときは「重ね書き」ではなく3-6　Arrayデータ表示を使ってください。

(4) スペクトルのコピー，交換

「スペクトルのコピー」「スペクトルの交換」をクリックし下図の用にスペクトル番号を指定するとコピー・交換が行えます。ただし，交換の場合，スペクトル1は指定できません（なお，「**交換**」は上下の位置を変えれば済むので，あまり意味はありません）。

 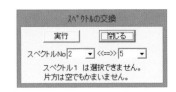

図3-62　重ね書きのコピー・交換の設定

(5) 各スペクトルの編集

「**設定・編集**」をクリックすると，別ウインドウが開き各スペクトルの編集が行えます。「**重ね書き**」と「**拡大図**」以外の作業（Reference，**位相補正，ベースライン補正，ピーク検出，積分，コメント**の変更）ができます。ただし，ピーク検出，積分データは印刷はできませんが，保存されます。また，重ね書きスペクトルを分離して単独保存で保存したときにも一緒に保存されます。

(6) 補　　足

各スペクトルの色は，メニューから「**表示／環境　−　印刷用 Font・色・線の変更**」でも行えます。

3-4-9　重ね書きスペクトルの個別編集

このメニューから個別のスペクトルの編集が行えます。開かれるウインドウは3-4-8の(5)項と同じです。スペクトルがない場合でも空のウインドウが開きますので，データを読み込むことができます。

編集の仕方は主ウインドウと同じで「重ね書き」「拡大図」・「印刷」以外の作業，すなわち，データの読み込み・保存，Reference設定，位相補正，ベースライン補正，ピーク検出，積分，コメントの変更ができます。編集ウインドウを閉じると主ウインドウに戻ります。

図3-63　重ね書きの編集

また，主ウインドウでは，表示している重ね書きをマウスでドラッグすると，上下に移動できます。右クリックで個別編集モードになります。

3-4-10　差スペクトル

主スペクトルから，指定した重ね書きを差し引いた差スペクトルを表示します。印刷もできます。

右の図のウインドウが開きますので，「**差スペクトルの表示**」にチェックし，差し引くスペクトル番号とその倍率を指定します。また，スペクトルの位置関係を微調整します。

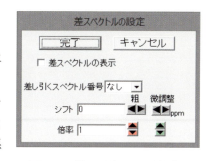

図3-64　差スペクトルの設定

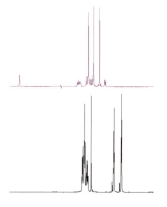

図3-65　差し引く前のスペクトル

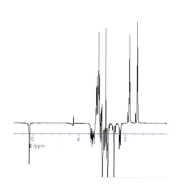

図3-66　差スペクトル

3-4-11 DEPT微調整

^{13}CスペクトルのDEPTは欠かせないものですが，DEPT45, DEPT90, DEPT135からはCH, CH$_2$, CH$_3$ のピークを抽出することができます。しかし，測定条件が正確に設定されていないと，正しい演算ができません。これを補正するために右図の各スペクトルの演算の微調整をします。

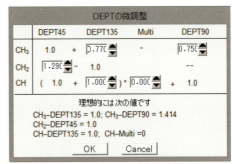

図3-67 DEPT微調整

3-4-12 その他の変更

(1) スペクトルの左右反転

パルスプログラムの設定によっては，フーリエ変換時にスペクトルの左右が逆になる場合があります。その場合にこのメニューを実行してください。再度実行すると元に戻ります。

(2) パラメータの修正

右図のウインドウが開きますので，測定条件や，コメントなどの修正ができます。スペクトルが変更されるようなパラメター（たとえば観測周波数）は変更対象外です。

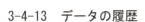

図3-68 パラメータ修正

3-4-13 データの履歴

現在のスペクトルの履歴を表示します。「いつ測定されたか」，「いつ編集されたか」，「いつ保存されたか」等が記載されています。

「実行者」は，Operatorではなく，このアプリケーションを立ち上げたときの利用者(ユーザー)名になります。この内容の修正はできません。

図3-69 データの履歴

3-4-14　取り消し（UnDo）

　次の各項目の取り消しを行います。ただしできるのは，それぞれの編集モード（重ね書きを除く）のときだけです。5回前まで遡れます。

- ピークデータの追加・削除等
- ベースライン補正点の追加・削除等
- 積分の追加・削除・変更等
- 拡大図の追加・削除・変更等
- 重ね書きの変更等

3-5 表示／環境

表示に関する変更・設定を行います。3-5-1, 3-5-4, 3-5-7, 3-5-10の設定は印刷でも用います。

3-5-1 表示範囲の変更

「**横軸単位**」: ケミカルシフトの単位としてδ(ppm), Hz, kHzが選択できます。

「**範囲**」: 表示したい範囲を指定します。数値は横軸単位に従います。

また，あらかじめ設定しておいた範囲（既定値: Default値）を入力することもできます。

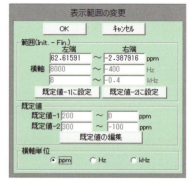
図3-70　表示範囲の変更ウインドウ

「**既定値**」: 既定値は「**既定(Default)値の編集**」をクリックすると右のウインドウが開き，核種ごとに既定値が設定できます。

それぞれの数値を設定した後，「**ＯＫ**」をクリックすると，表示範囲が設定されます。「**キャンセル**」をクリックすると，以前の範囲に戻ります。

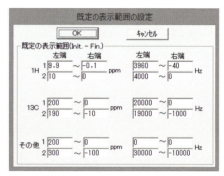
図3-71　既定範囲の変更ウインドウ

3-5-2 編集用表示 Font・色・線の変更

図3-72, 73の各項目を変更します。この内容は編集時の表示に使われるもので印刷には影響しません。タブをクリックしてそれぞれの内容を表示させます。

(1) 線・色の設定

各線の右横の「**色**」の四角内をクリックすると色の選択ダイアログ（図4-59）が表示されます。適当な色を選択してください。

(2) 表示形式

次の各項目を設定します。

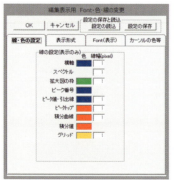 
図3-72　表示用　Font・色・線の変更ウインドウ(1)

「**横軸単位**」：ケミカルシフトの単位としてδ（ppm），Hz，kHzが選択できます。

「**横軸ラベルの位置**」："ppm"等の単位・ラベルを座標軸のどの位置に付けるかを指定します。

「**横軸の形式**」：横軸の区切

 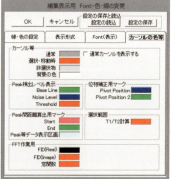

図3-73　表示用　Font・色・線の変更ウインドウ(2)

りを設定します。「**個別設定**」では，ケミカルシフトの数値と数値の間隔，及び数値と数値の間に目盛りを入れる間隔が手動で設定できます。「**自動設定**」に設定しておくと，これらを最適な値にコンピュータが設定します。

「**横軸の小数点以下の桁数**」：横軸の目盛りの数値を小数何位まで表示するかを設定します。0〜5桁まで表示できます。

「**積分値の小数点以下の桁数**」：積分曲線に添えてある積分値を小数何位まで表示するかを設定します。0〜5桁まで表示できます。

「**ピーク位置の小数点以下の桁数**」：ピーク位置（ピークリダクション）のケミカルシフト値を小数何位まで表示するかを設定します。0〜5桁まで表示できます。

「**データ補間表示（印刷・表示）**」：最小表示点数で設定される点数まで3次関数によるデータ補間を行います。この設定は印刷時にも適用されます。実データ点数の方が最小表示点数より多い場合は補間は行いません。この最小表示点数は2のべき乗です。

(3) Font（表示）

表示に使うFontの設定です。「**変更**」のボタンをクリックすると右の画面が表示されます。必要なフォントを選択して「**ＯＫ**」をクリックします。

「**横軸座標（数値・単位）Font**」：ケミカルシフトを表示する横軸の数値のフォントを選びます。

「**積分値のFont**」：積分値の表示に使用するフォントを設定します。

「**ピーク位置数値のFont**」：ピーク位置（リダクション）の数値の表示に使用するフォントを

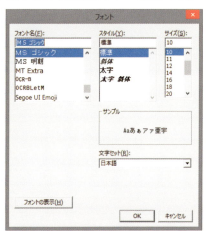

図3-74　Fontの設定ダイアログ

設定します。

「ピークの上に付ける番号のFont」：ピーク位置（リダクション）番号の表示に使用するフォントを設定します。

(4) カーソルの色等

カーソルやマークなどに使用する線の色を設置します。各項目の右横の「**色**」の四角内をクリックすると色の選択ダイアログが表示されます。適当な色を選択してください。

「**カーソル等**」：カーソルの色を設定します。通常カーソルを表示のチェックを外すと，マウスをクリックしていないときの十字のカーソルは表示されません。

「**Peak検出レベル表示**」：ピーク検出(リダクション)のTH Level, Noise Level, Base Lineの設定に使う線の色を設定します。

「**位相補正用マーク**」：位相補正のpp(Pivot Position)とp2(Position 2)のマーク色を設定します。

「**Peak間距離算出用マーク**」：スペクトル上に設定した2点を表示するマークの色を設定します。

「**選択範囲**」：Arrayデータ(T1/T2計算)の計算範囲を表すスペクトルの色を設定します。

(5) 設定の保存と読み込み

以上で設定された内容は，ファイルとして保存できます。またそれを呼び出して再設定することもできます。保存・読み込みは通常のデータの 保存・読み込み法と同じです。拡張子は「dcl1」です。

3-5-3 印刷用表示 Font・色・線の変更

図3-75の各項目を変更します。この内容は印刷時に使われるもので表示には影響しません。タブをクリックしてそれそれの内容を表示させます。

(1) 印刷　配置

印刷時の用紙等に関する設定を行います。

「**用紙**」：用紙のサイズ・印刷の向きを設定します。A4 Half Column, A4 Full Columnは，２段組にプレビュー画面をコピーして貼り付けるとき使います。実際の印刷はA4用紙となります。その他の用紙はA3, A4, B4, B5などです。

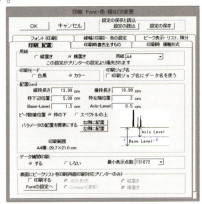

図3-75　印刷・配置の設定

「**印刷モード**」：白黒で印刷するか，カラーで印刷するかを指定します。カラープリンターで有効です。

「**印刷ジョブ名**」：印刷時にプリンターへ送るジョブ名（PDFの場合はファイル名）にデータ名を使うかを設定します。画像データが含まれている場合に画像データの印刷具合が変わることがあります。

「**配置**」：用紙中でのスペクトルの配置を設定します。プレビュー画面でビジュアルに設定もできます。長さ等を正確に設定したいときに，ここで設定します。ピーク数値の印刷位置が設定できます。

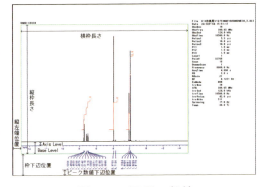

図3-76　配置の数値

また，パラメータを印刷する枠の場所がわからなくなったときは，「**配置を標準にする**」を実行してください。この中の数値の意味は上図の通りです。

「**データ補間表示印刷**」：最小表示点数で設定される点数まで３次関数によるデータ補間を行います。この設定は表示時にも適用されます。実データ点数の方が最小表示点数より多い場合は補間は行いません。最小表示点数は２のべき乗です。

「**裏面にピークリストを印刷する**」：両面プリンターの場合のみ有効です。「**印刷する**」にチェックをしておくと，スペクトルを印刷した用紙の裏面にピークリストを印刷します。印刷の書式を選択できます。

(2) 印刷時に書き出すもの

印刷するときプリントアウトする項目を指定します。

「**書き出すもの**」: 書き出すものを設定してください。スタック印刷はArrayデータ用です。**重ね書き**と同時には選択できません。

「**コメント位置**」: コメントの印刷位置を設定します。スペクトル枠の左上，ベースラインの上（左），ベースラインの下（左）が選べます。またコメントの変更ができます。コメントには**改行**も挿入ができます。

「**パラメータ**」: 印刷するパラメータの種類を設定します。

「**File を使う**」: これにマークしたとき具体的な項目はパラメータファイルに記述してありますので，必要なパラメータファイル（*.PRT）を作成してください。作成は，3-8-1 **パラメータファイルの編集**でできます。

「**Parameter File**」: これをクリックすると右上の画面に移行します。必要なファイルを選択して「**開く(O)**」をクリックしてください。自分で，ワードパッドなどのエディターを使って作成することもできます。

「**Listを使う**」: これにマークしたとき，スペクトルにパラメーターリストを使います。編集は次の「Parameter Listの編集」のボタンをクリックしてください。

「**Parameter Listの編集**」: これをクリックすると3-8-1 **パラメータファイルの編集**のウインドウが開きます。操作はそちらを参照してください。

図3-77　印刷時に書き出すもの

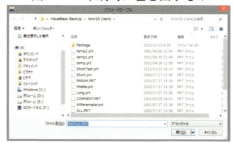

図3-78　パラメータファイルの読み込

(3) 線・色の設定

各線の右横の「**色**」の四角内をクリックすると色の選択ダイアログ（図4-59）が表示されます。適当な色を選択してください。また，線幅も設定できます。

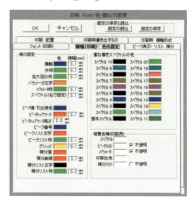

図3-79　色・線幅の設定

(4) 印刷時　横軸形式

次の各項目を設定します。

「**横軸単位**」：ケミカルシフトの単位としてppm, Hz, kHzが選択できます。「**横軸ラベルの位置**」："ppm"等の単位・ラベルを座標軸のどの位置に付けるかを指定します。

「**横軸の形式**」：横軸の区切りを設定します。「**個別設定**」では、ケミカルシフトの数値と数値の間隔、及び数値と数値の間に目盛りを入れる間隔が手動で設定できます。「**自動設定**」に設定しておくと、これらを最適な値にコンピュータが設定します。

「**横軸の小数点以下の桁数**」：横軸の目盛りの数値を小数何位まで表示するかを設定します。0～5桁まで表示できます。

「**座標の名称**」：横軸の名称を変更します。

図3-80　印刷時の横軸形式

(5) Font（印刷）

印刷に使うフォント（Font）の設定です。「**変更**」のボタンをクリックすると右の画面が表示されます。必要なフォントを選択して「**OK**」をクリックします。

「**横軸座標（数値・単位）Font**」：ケミカルシフトを表示する横軸の数値のフォントを選びます。

「**ピーク位置数値のFont**」：ピーク位置（リダクション）の数値の表示に使用するフォントを設定します。

図3-81　印刷時のFont

「**ピークの上に付ける番号のFont**」：ピーク位置（リダクション）番号の表示に使用するフォントを設定します。

「**積分値のFont**」：積分値及の表示に使用するフォントを設定します。

「**ピークリストのFont**」：印刷面に挿入するピークリストのフォントを設定します。

「**積分リストのFont**」：印刷面に挿入する積分リストのフォントを設定します。

「**コメント・パラメータのFont**」：印刷面に挿入するコメント・パラメータのフォントを設定します。

「**英字中の日本語Font**」：英字のフォントを使っているときに日本語が混ざっていると正しく印刷されません。これを防ぐために、その部分だけ日本語フォントに置き換えます。

「**Super/Subscript**」：上付き/下付き文字の大きさを設定します。

(6) ピーク表示・リスト・積分

「**ピーク位置単位**」：ピークピックデータの表示単位を設定します。

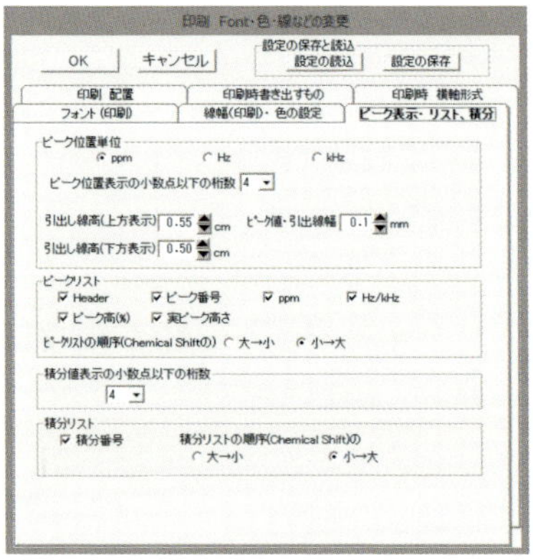

「ピークリスト」：挿入されたピークリストに書き出すものを設定します。

「ピークリストの順序」：ケミカルシフトの減少方向か，増加する方向かを設定します。

「ピーク位置の小数点以下の桁数」：ピーク位置（ピークリダクション）のケミカルシフト値を小数何位まで表示するかを設定します。0～5桁まで表示できます。

「ピーク引き出し線」：引き出し線の色・線幅と引き出し高さ等を設定します。引き出し高さは，プレビュー画面でマウスによって変更可能です。

「積分リスト」：積分リストをケミカルシフトの減少方向か増加する方向かに設定します。

「積分値の小数点以下の桁数」：積分曲線に添えてある積分値を小数何位まで表示するかを設定します。0～5桁まで表示できます。

図3-82　ピーク表示・リスト・積分

(7) 設定の保存と読み込み

以上で設定された内容は，ファイルとして保存できます。またそれを呼び出して再設定することもできます。保存・読み込みは通常のデータの 保存・読み込み法と同じです。拡張子は「pr1」です。

3-5-4　グリッドの設定

スペクトル上に表示するグリッド（補助線）の設定を行います。

「グリッド」：グリッドを表示するかを設定します。

「横軸単位」：縦線の間隔を，ppm単位かHz単位にするかを設定します。これを変更すると横軸座標も変わります。

「横グリッド間隔」：グリッドの横間隔を設定します。

「縦グリッド間隔」：グリッドの縦間隔を設定します。

図3-83　グリッドの設定

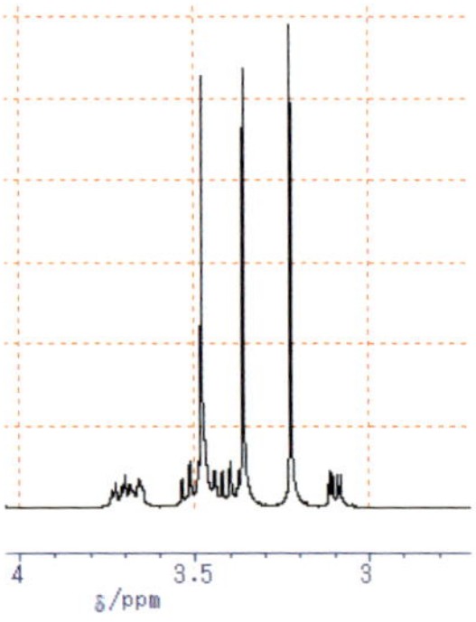

図3-84　グリッドの表示例

3-5-5 動作環境の設定

アプリケーションを起動したときや，新しくスペクトルを表示したときの初期値など，環境の設定を行います。

右のようなタブが表示されていますので，必要なタブをクリックして内容を設定します。

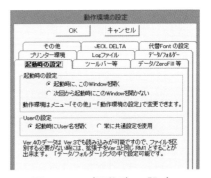

図3-85 起動時の設定

「**起動時の設定**」：

「**起動時にこのウインドウを表示する**」かどうか，「**ユーザーごとに環境設定を変える**」かどうかを設定します。

「**ツールバー**」：基本ツールバー以外のツールバーの表示位置を設定します。

基本ツールバーにより拡大等を行う場合，一回ごとに拡大モードを終了するかを設定します。

図3-86 ツールバーの設定

「**Zerofill・データ補間**」：

3次関数近似によるデータ補間をするかを設定します。この補間は表示・印刷時に有効で保存データの大きさを変えるものではありません。

Zerofillをフーリエ変換時に自動的に行うかを設定します。またZerofill後のデータ点数を設定できます。この場合は保存データの大きさも大きくなります。

図3-87 データ補間の設定

「**プリンター環境**」：

システムのプリンター設定を使うかを設定します。

「**システム設定を使わない**」を設定した場合，プリンターの設定を変更しても，Windows上のプリンター設定は変わりません。このプログラム上での設定は保存されていますので，次回もそのまま使えます。

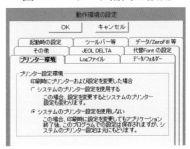

図3-88 プリンターの設定

「Logファイル」：
　ファイルの使用の履歴を一定期間ごとにログファイルに保存します。保存するフォルダーを指定します。ファイル名は
　1ヶ月ごとの場合：1D****_**.logです。
　（****_**はログをとった年と月となります。）
　毎日の場合：1D****_**_**.logです。
　（****_**_**はログをとった年月日となります。）

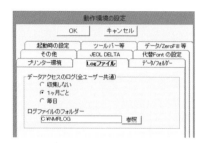
図3-89　Logファイルの設定

「データ・フォルダー」：
　1．「指示なしの時のフォルダの設定」．特に指定しない場合（Default）のデータを保存するフォルダーを，入力・出力ごとに設定します。
　2．「1Dデータの拡張子の設定」．保存データファイルの拡張子を，1D，2Dとも Ver.3と共通のrm1, rm2とする。1D,2Dともrmo とする。1Dは rmo1, 2Dは rmo2 とするかを設定します。また，保存時に変更も可能です。
　3．Alice2やVer.3等の旧形式での保存の可否を設定します。なお，読み込みは，この設定に関わらず可能です。

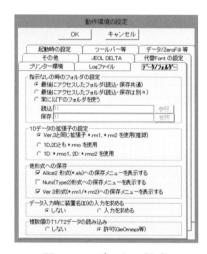
図3-90　データの設定

「その他」：
　1．作業時に構造式等のイメージを表示するウインドウを表示するかを指定します。
　2．ピークリストの印刷，保存に，JEOL形式とするか，最小の表記にするかを設定します。
　　　JEOL形式では，ピーク強度を数値と「+++」で印刷します（**図3-25**）。

図3-91　その他の設定

「代替Fontの設定」：
　　読み込んだファイル中のFontがシステムに存在しないときに設定したFontに置き換えます。

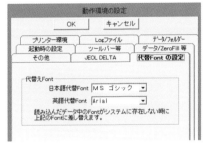

図3-92　代替Fontの設定

「JEOL DELTA」：
　　日本電子DELTA形式のファイルには，Sample IDとCommentとがあり測定モードなどの注釈に使われています。これらを，このアプリケーションのSample ID，Comment，測定モード(ExpCm)のどれに読み込むかを指定します。

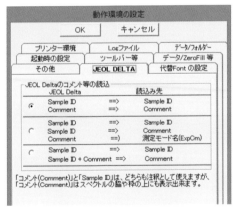

図3-93　JEOL DELTA

3-5-6 すべてを表示／表示するもの

このメニュー「**すべてを表示**」をクリックすると，現在のデータに存在するピーク検出データ，積分，拡大図，重ね書きなどが，編集モードに関わらず表示されます。

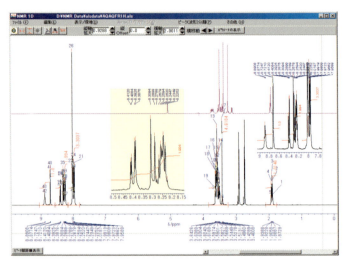

図3-94 すべてを表示の例

一方「**表示するもの**」のメニューから，**積分，積分ベースライン，ピークデータ，ピークトップマーク，ピーク番号，拡大図，重ね書き，グリッド**の表示を個別に設定できます。この設定は編集表示のためだけで，印刷時には適用されません。印刷するものを変更するには3-5-3で設定してください。

3-5-7 ピーク位置の表示場所

ピークデータを表示する場所をスペクトル上部にするか，下部にするかを設定します。この設定は印刷時にも適用されます。

3-5-8 ピーク間距離／ピークデータ

このメニューはピーク間距離やカーソル位置のスペクトル情報を表示するウインドウを表示するかを設定します。邪魔なときはこのウインドウをドラッグして移動するか，右上の**X印**をクリックすると画面から消えます。復活させる時はこのメニューをクリックするか，図3-94左下の「**ピーク間距離表示**」ボタンをクリックします。

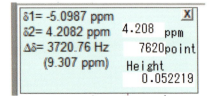

図3-95 ピーク間距離等の表示ウインドウ

この表示ウインドウには右図に示す緑のマーク（δ2）と赤色（δ1）のマークの位置とその間隔を表示します。それぞれの位置は，何も動作モードが設定されていない状態で，右クリックすると**赤色（δ1）のマークの位置**が，左クリックすると**緑色（δ2）のマークの位置**が設定されます。

また現在のマウスカーソルの横方向の位置と，その位置のスペクトル強度が常に表示されています。

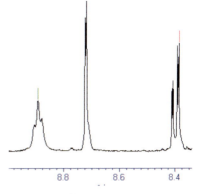

図3-96　間隔を測るためのマーク

3-5-9　構造式・イメージ等の表示

構造式等のイメージを別ウインドウで常に表示できます。右のウインドウが一番手前に表示されます。消すときは右上の×印をクリックします。表示が消えても，イメージデータは残っています。また，スペクトルデータを保存するときに一緒に保存されます。

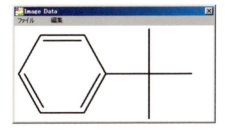

図3-97　構造式等の表示

「ファイル」：ファイルの読み込みを行います。JPG，PNG，メタファイル等のイメージファイルが読み込めます。

「編集」：クリップボードからイメージデータを貼り付けられます。ChemDrawなどからのメタデータも貼り付けられます。また，クリップボードへコピーできます。

3-5-10　Power スペクトル表示

スペクトルを絶対値（Powerの平方根）で表示します。どうしても位相が合わないときに使います。ただし，「ピークの半値幅が大きい」，「積分値は意味を持たない」等に注意してください。

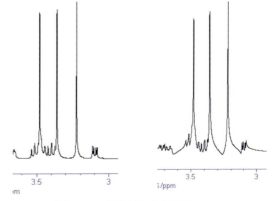

図3-98　絶対値での表示
左：通常表示　右：絶対値表示

3-6 Array(T1/T2) データの解析

Inversion Recovery 法で測定した縦緩和(T1)測定データや，Spinエコー法で測定した横緩和(T2)測定データのように，連続して測定した一連の1Dデータ（Arrayデータ）の表示とデータ解析を行います。Arrayデータの時のみメニューがアクティブになります。

3-6-1 Arrayデータの読み込み

.rm1もしくは.rmo1以外のArrayデータを**メニュー「ファイル読み込み」**で読み込むと右図のように重ね書きとして読み込むかを聞いてきます。Arrayデータの項目を選択します。

フーリエ変換していないデータの場合はフーリエ変換ウインドウが開きますので，位相補正等を行って「**完了**」してください。

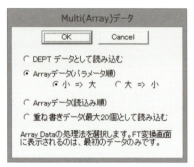

図3-99 Multi(Array)データ読み込み設定

3-6-2 Arrayデータ表示

このメニューをクリックすると通常の表示とスタック表示を交互に切り替えます。通常表示の場合は右図の「Data No」を入力してスペクトルを選択します。スタック表示は全データを3次元的に表示します。なお，位相補正，ベースライン補正，積分，ピーク検出などは，表示方法によって動作が異なります。原則として通常表示にし，「Data No」でスペクトルを選択した上で，個別に操作・調整してください。なお，積分のB0, B1, 積分区間は全スペクトル共通ですので，積分をスタック表示で使用することは推奨しません。

図3-100 Arrayデータの選択

印刷時の注意：Arrayデータを**スタック印刷**するときには，3-5-3（2）印刷時に書き出すもので「**スタック印刷(Arrayデータ)**」にチェックをしてください。チェックがないときは，「Data No」のスペクトルだけを通常に印刷します。

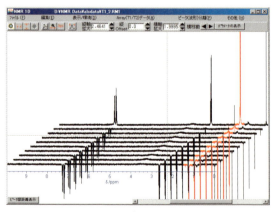

図3-101 Arrayデータのスタック表示

3-6-3 Arrayデータ表示のプロパティ

スタック表示の場合のスペクトルの並べ方を設定します。右のウインドウが開きますので，並べ方を設定してください。なおX方向の数値を負にすると右下から左上に向かってスタック表示します。この設定は印刷時にも有効です。

「表示の順番」：表示をパラメータ順とするか逆にするかを指定します。

「表示の内容」：各スペクトルの左に表示する物を指定します。

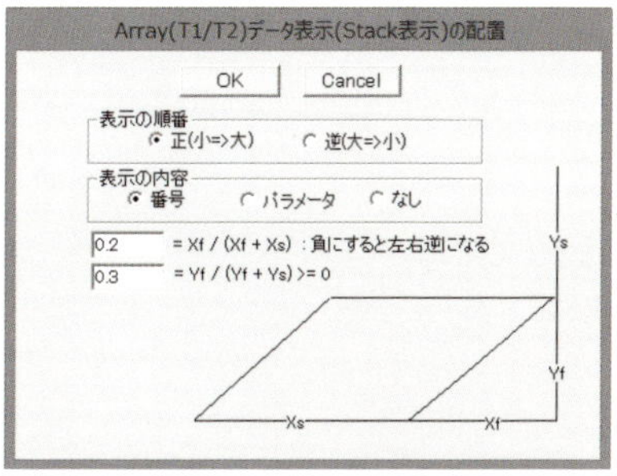

図3-102 スタック表示の配置の仕方を変更する

3-6-4 Arrayパラメータの変更

T1/T2データなどでは，ある変数（パラメータ）を変化させて測定していますが，その数値を変更します。本来は，このパラメータで測定されているはずなので，単位を変える場合（μsをsに等）以外は原則変更しないでください。

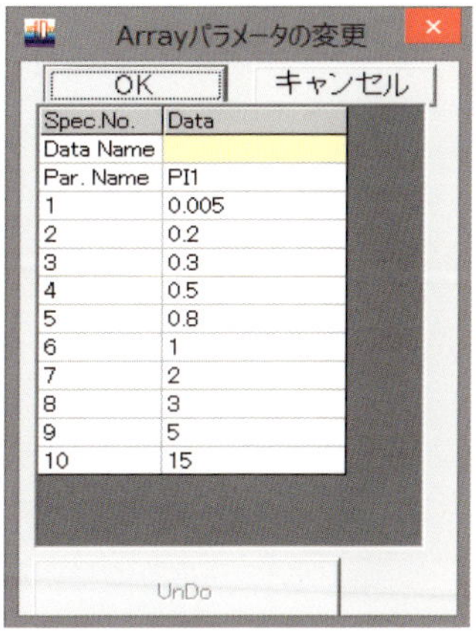

3-6-5 Arrayデータの選択範囲の積分値の印刷

T1/T2計算に使う積分区間の積分値のリストを印刷します。内容は下図のようになります。

図3-103 パラメータを変更する

```
File    D:¥NMR Data¥alsdata¥T1_2.rmo1
Comment:  T1 Test Ethylbenzene

Start: 1.053 ppm
End:   1.518 ppm
No.     Parameter       Intensity
 1         0.01         -0.76377
 2         0.20         -0.65441
 3         0.30         -0.60642
 4         0.50         -0.52689
 5         0.80         -0.42173
 6         1.00         -0.36832
 7         2.00         -0.15143
 8         3.00          0.00342
 9         5.00          0.25661
10        15.00          1.00000
```

図3-104 積分強度の印刷

3-6-6 T1/T2の計算

ピークの高さ，または設定した積分区間の積分値を用いて指数関数でカーブフィッティングを行い，緩和時間（T1/T2）を求めます。ピークピック（検出）されたピークが存在するか，積分区間が設定されている必要があります。この積分区間は，いわゆる「積分」で設

定したものとは異なります。

　積分区間を設定するには，ツールバーの🔲をクリックして設定モードにします。右のように，マウスで設定範囲をドラッグしてください。選択された範囲が赤色で表示されます。

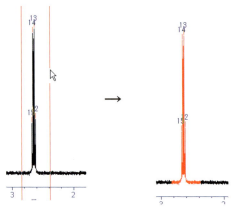

図3-105　積分区間の設定

以上の設定が終わったら，メニューの「T1/T2の計算」をクリックします。下図の新しいウインドウが表示されます。

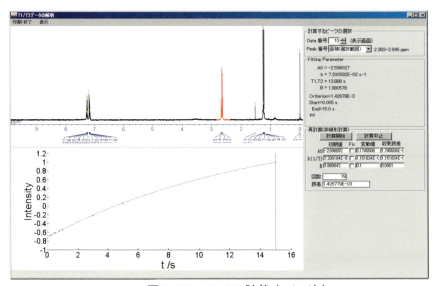

図3-106　T1/T2計算ウインドウ

左側上にスペクトルが表示されています。このスペクトルは，右上の「**計算するピークの選択**」で「**Data番号**」によって変えることができます。T1測定では最後のデータが，T2測定では最初のデータが適当です。

次に「**ピーク番号**」を選択します。計算結果が左側下にフィッティングカーブとともに表示されます。また，計算された数値は右下の「**再計算**」の中の k（緩和速度：1/T1または1/T2）の初期値です。フィッティングがうまくいかないときは「**計算開始**」ボタンをクリックして再計算してください。

フィッティングカーブや印刷に関する設定の変更は上部の「**表示**」メニューで変更してください。スペクトルに関する設定は変更できません。

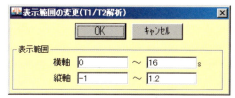

図3-107　表示範囲の設定

(1) 表示範囲の変更

右のウインドウで縦軸と横軸の表示範囲を設定してください。

(2) 表示　Font・線幅の変更

このウインドウの表示に関する変更を行います。印刷には関係ありません。

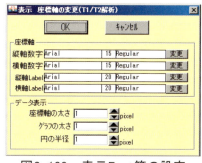

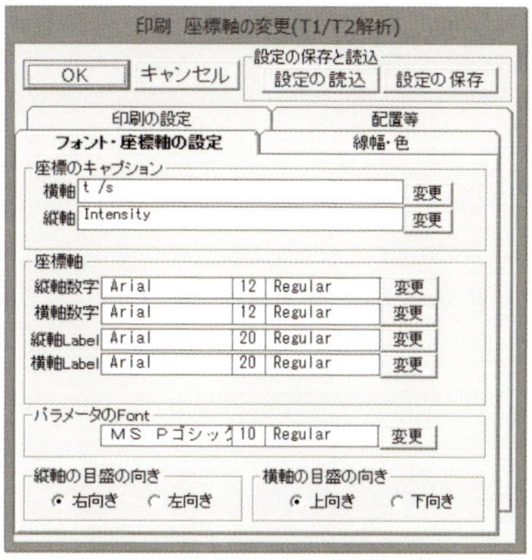

図3-108　表示Font等の設定

(3) 印刷　線色・Font・座標軸の変更

印刷に関する変更を行います。座標軸のラベルを変更できます。「**変更**」をクリックしてください。詳しくは，3-10-5(1)　**文字の入力**を参照してください。他の設定は，スペクトルの印刷とほぼ同じです。

この設定は**保存・読み込み**ができます。

図3-109　印刷の設定

(4) 印　　刷

　印刷は,「印刷・終了」メニュー中の「印刷」で印刷します。下図のような内容で印刷されます。操作は3-10　印刷・編集と同じですので,そちらを参照してください。

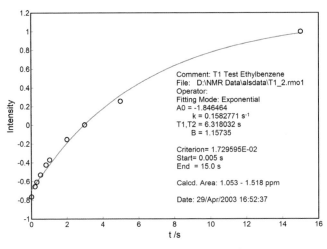

図3-110　T1測定結果の印刷例

3-7 ピークの波形分離

NMRスペクトルはいくつかのピークの集まりです。ピーク1つは理論的にはローレンツ曲線で構成されています。従って，スペクトルはこの曲線の組み合わせに分解することができます。計算で適切な数のピークに波形分離することで，正確なケミカルシフトとピーク強度（積分値）を求めることができます。なお，このフィッティングにはベースラインの最適化は含まれていませんので，あらかじめベースライン補正を行っておいてください。

3-7-1 ピークの波形分離

メニューの「**ピークの波形分離**」をクリックすると右図の初期画面になります。

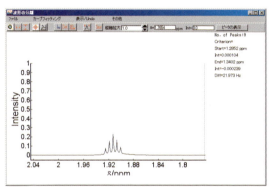

図3-111 波形分離の初期画面

3-7-2 ツールバー

ツールバーのボタンをクリックして拡大などの操作を行います。

図3-112 波形分離のツールバー

左から5個のボタンは拡大縮小の操作用でメインウインドウの基本ツールバーと同じ動作をします。

- 初期値としてのピーク位置を新しく設定します。
- 設定したピークを削除します。
- すべてのピークを削除します。
- 計算する範囲を設定します。
- ピーク位置，高さ，半値幅などの初期値を微調整するためのピークを選択します。

次に，波形分離の具体的な操作について順に示します。

(1) をクリックし計算範囲の設定をします。マウスをドラッグして計算範囲を設定します。赤い縦線の間が計算範囲になります。この範囲はマウスで移動することができ

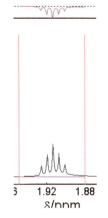

図3-113 計算範囲の設定

ます。範囲が設定されると，計算曲線からスペクトルを差し引いた残差が上の方に表示されます。

(2) 　Ippをクリックしてピークの設定モードにします。
　マウスで，スペクトル上のピークのところをクリックするとそこに計算ピークが設定されます。これを，必要なだけ繰り返します。

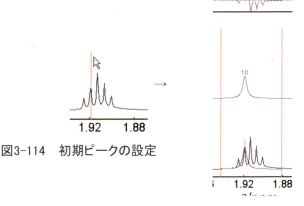

図3-114　初期ピークの設定

　不要なピークは，Delをクリックした後，設定ピークをクリックすれば削除できます。

(3)　必要であれば，Selectをクリックしてピーク選択モードにし，ピークをクリックすると右の微調整画面が表示されます。この中の数値を変更してピークの形をおおよそ整えます。
「Peak」：対象とするピークの番号。矢印をクリックして変更できます。
「δ/ppm」：ピークの位置
「Δν/Hz」：ピークの半値幅
「Height」：ピークの高さ
「Function」：ローレンツ曲線とガウス曲線の割合。０でローレンツ曲線，１でガウス曲線となります。
「元に戻す」：変更を全てキャンセルします。

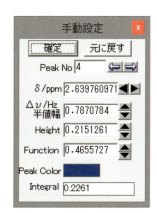

図3-115　ピークのパラメータ変更

(4) メニューの「**カーブフィッティング － 計算の開始**」をクリックすると最小二乗近似のウインドウ(**図3-116**)が開きます。「**計算実行**」をクリックして計算を開始します。通常，この中の数値は変更する必要はありません。

計算が収束すると自動的に終了しますが，終わらないときは，「**計算中止**」のボタンをクリックしてください。「**計算確定**」をクリックすると，計算結果が確定します。
「**キャンセル**」をクリックすると計算前の状態に戻ります。

図3-116　計算の実行

左：計算開始メニュー　右：計算の各種設定・実行

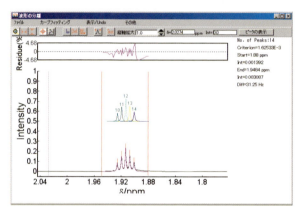

図3-117　計算結果の表示

3-7-3　メニュー

メインのメニューの「**ファイル**」では次の操作ができます。

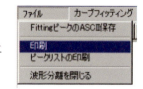

図3-118　ファイル

「**FittingピークのASCII保存**」：カーブフィッティングで求めた計算曲線をASCIIデータとして保存します。

「**印刷**」：波形分離で計算した結果のスペクトルを印刷します。

「**ピークリストの印刷**」：計算結果であるピークのケミカルシフト・強度・半値幅などのリストを印刷します。

「**波形分離を閉じる**」：この「**ピークの波形分離**」を閉じてメインウインドウに戻ります。
　　なお，閉じても計算結果（印刷も含めて）は保存され，また，スペクトルデータをVer.3またはVer.4形式で保存すればこの内容も保存されます。

メインのメニューの「**表示/UnDo**」では表示の変更や操作の取り消しを行います。

「UnDo」：直前に行った操作を取り消します。

「**表示用フォント・線幅の設定**」：表示に使うフォントや線幅を設定します。

「**印刷用フォント・座標軸・線色の設定**」：印刷に使うフォントや線幅，線の色，および座標軸の名称を設定します。

図3-119　表示メニュー画面

メインのメニューの「**その他**」では初期ピーク設定の初期値としてのピーク幅，ガウス曲線の比率，を変更します。

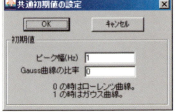

図3-120　共通初期ピーク設定

3-7-4　その他の注意点

この波形分離はいくつかの区間に分けて個別にフィッティングができます。1区間で計算できるのは20本のピークまでです。合計で100本のピークが計算できます。計算範囲を変更しても，範囲外の波形データは残っていますので，区間を小分けにしてフィッティングを行った方が効率的です。

3-7-5　印　　刷

計算結果の印刷は3-10 **印刷・編集**と同様です。文字や図形も配置できます。

3-8 その他
3-8-1 パラメータファイルの編集

印刷時に添付するパラメータに何を印刷するかをパラメータファイルに記述します。また、印刷設定で「Listを使う」場合のリストの編集も行います。

メニュー「**その他 - パラメータファイルの編集**」を選択します。左のリストには印刷可能なパラメータ名が示してあります。右のリストボックスにはパラメータファイルの内容が示してあります。左のリストの必要なパラメータをクリックして反転表示させ、中央の「**上に追加**」または「**下に追加**」をクリックします。右のリストに追加されます。右の欄で不要な物は、選択して「**削除**」をクリックします。順番を変更する時は「**上へ**」・「**下へ**」をクリックします。。

図3-121 パラメータファイルの編集

編集が終わったら、「**パラメータファイルとして保存**」をクリックして保存します。

また、「**パラメータファイルの読み込み**」をクリックして以前のファイルを編集することもできます。

一方、印刷設定(3-5-3)で「**Listを使う**」場合に「**Parameter Listの編集**」をクリックすると右図の画面になります。この場合、「**ＯＫ**」をクリックすると編集結果がシステムに一時保存されます。データをファイルに保存すると、一緒に保存されます。

図3-122 パラメータファイルの編集(2)

3-8-2 オペレータ名の追加・削除

パラメータの印刷において印刷するOperator名のリストを編集します。「**右を追加**」の横に名前を記入し「**右を追加**」ボタンをクリックして名前を追加します。また不要な名前を選択し、「**削除**」ボタンをクリックして名前を削除します。

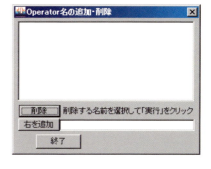

図3-123 オペレータ名の編集

3-8-3　Reference用装置データの整理

Reference設定は，過去に設定したときの装置名，周波数，溶媒等で自動設定します。ここでは過去のデータで不要なものを削除します。このデータはReference設定(3-4-2)で「装置データを使う」時にも使用します。また，2次元データ処理のReference設定などにも使います。

図3-124　装置データの整理

3-8-4　文字の入力

「座標軸の名称」や「コメント」等のテキストデータはRichText形式になっています。この入力は通常のテキスト入力以外にも色々な機能が追加できます。

この入力モードになると右図のウインドウが開きます。上部のツールバーは，文字の書式を設定するためのもので，文字を入力中に，選択範囲を書式設定します。

図3-125　文字の入力

- 　文字に色を設定します。「コメント」入力以外では表示されません。▼をクリックすると「色の選択ダイアログ(図4-59)」が開きます。
- 　イタリック(斜体)にします。
- 　ボールド（太文字）にします。
- 　下線を付けます。
- 　シンボル文字(ギリシャ文字等)にします。
- 　消去線を付けます。
- 　上付文字にします。
- 　下付文字にします。

文字の入力はRichText形式で入力されますので，文字飾りは入力通りに表示されます。

「OK」をクリックすると入力内容を確定して元のウインドウに戻ります。「キャンセル」をクリックすると入力内容を破棄して元のウインドウに戻ります。

3-8-5　バージョン情報

このアプリケーションの作成日やバージョンを表示します。

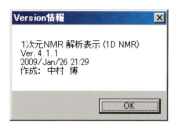

図3-126　バージョンの表示

3-8-6　ユーザー情報

ユーザーの情報を表示します。
 1) ユーザー名
 2) 設定ファイル名
 3) アクセス回数
が表示されます。

図3-127　ユーザー情報

3-8-7　その他

ここからも3-5-5　動作環境の設定と3-3-4　解析できるファイルについてが実行できます。

3-9　フーリエ変換

データを読み込んだとき，それが未変換のデータ（FIDデータ）の時はフーリエ変換を行って，通常のスペクトルに直す必要があります（変換済みのデータの時はその必要はありません）。

FIDデータを読み込んだときは，下の画面が表示されます。上段がFIDデータで下段がそれをフーリエ変換したスペクトルです。

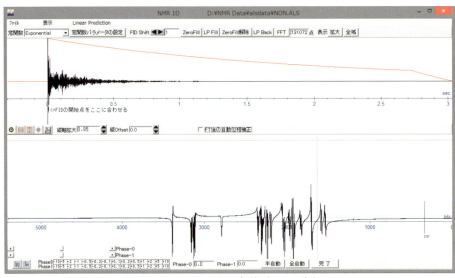

図3-128　フーリエ変換ウインドウ

3-9-1　ファイル

もし，読み込んだデータが違っていたときは，メニュー「ファイル － 現データの破棄」で破棄します。メインウインドウに戻ります。

図3-129　現データの破棄

3-9-2　Linear Prediction

Linear Prediction法（LP法）は測定FIDデータから，FIDの後のデータを，計算によって予測する方法です。前方に予測もできます。通常はZerofillだけで十分です。

図3-130　Linear Predictionメニュー

ここではLinear Predictionのパラメータを設定します。これをクリックすると次の画面になります。

「予想点数」：前方(Backward)へ予測するときの点数を指定します。「6」であれば，FIDの0 pointから5 point（全部で6 point）までを予測値で置き換えます。

「Stability Check」：Linear Predictionの計算によっては発散する場合もあります。これをチェックしておくと，発散しないように計算をします。前方(Backward)へ，数点の予測の場合は，ほとんど必要ありません。

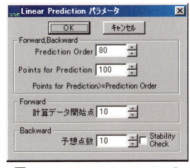
図3-131 Linear Predictionのパラメータ設定

「計算データ開始点」：後方(Forward)へ予測するとき，予測のための計算のパラメータを求めるFIDデータの開始点を指定します。

「Prediction Order」：予測のための計算パラメータ点数を指定します。

「Points for Prediction」：予測のための計算パラメータを求めるためのデータ点数を指定します。必ず Points for Prediction ≥ Prediction Order にします。

　「ＯＫ」をクリックすると，このパラメータが保存され，以後のLP計算に使用されます。「キャンセル」をクリックすると以前のパラメータに戻されます。

3-9-3　窓関数ツールバー

　フーリエ変換時の窓関数を設定します。

図3-132　窓関数ツールバー

「窓関数」：窓関数の種類を選びます。選択できるのは，次の５種です。
　　Exponential（指数関数）：BFで線幅を指定します。１次元NMRでは，通常これを使います。
　　SineBell：Sine関数の0～180度までを使います。
　　SineBell2：Sine関数の２乗を使います（0～180度）
　　Gauss：ガウス分布関数を使います。
　　BlackmanHarris：BlackmanHarris(複数のSine関数による)の関数を使います。

「窓関数パラメータの設定」：「BF」や「T1～T4」等を個別の窓関数ごとに設定します。例としてExponential関数の設定を右上図に示します。

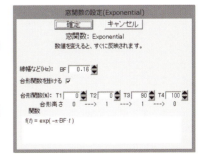
図3-133　窓関数の設定ウインドウ

「BF」: Exponential関数の時の減衰率。通常はデータの分解能程度にしておきます（^{1}Hの時で約0.12 Hz）。

「T1〜T4」: 上記の窓関数に乗じる台形関数のパラメータです（図3-134）。

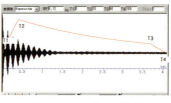
図3-134 台形関数

T1: 台形関数の下底の始まりを，実データ長に対する％で指定します（普通は0 ％）。

T2: 台形関数の上底の始まりを，実データ長に対する％で指定します（普通は0 ％）。

T3: 台形関数の上底の終わりを，実データ長に対する％で指定します（普通は80 ％）。

T4: 台形関数の終わり（下底の終わり）を，実データ長に対する比率を％で指定します（普通は100 ％）。

「WS」: SineBell，SineBell2，BlackmanHarris関数の出だし（Start）を実データ長に対する％で指定します。負の値も有効です。Gauss関数の場合は関数の中心位置を％で指定します。

「WE」: SineBell，SineBell2，BlackmanHarris関数の終わり（End）を実データ長に対する％で指定します。100 ％を越えても有効です。

「FID Shift」: FIDの開始位置と時間ゼロがずれている信号を合わせるためにFIDをシフトさせます。FIDを時間軸方向へ指定点数だけシフトします。これが正しく合っていないと，Phase-0とPhase-1をいくら調整してもきれいなスペクトルになりません。装置ごとに決定してください。

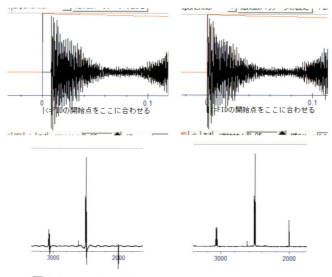

図3-135 FIDのシフト
　左：シフト前　位相が合わせられない
　右：FID開始位置を合わせた場合

「Zerofill」：FIDデータに0の値を追加して，データの分解能を上げます。1回クリックするごとに，データ長は2倍になります。

「LP Fill」：FIDデータにLinear Prediction法によってデータを追加して，データの分解能を上げます。1回クリックするごとに，データ長は2倍になります。

「FFT」：上記の設定を変更したときには，これをクリックして，フーリエ変換をやり直します。結果は下段のスペクトルに反映されます。

「ZeroFill解除」：LP Fill，LP Back，Zerofillを無効にして，オリジナルのデータに戻します。

「LP Back」：FIDデータの最初の時間の方のデータをLP法によって計算して置き換えます。最初のデータが何らかの原因（例えば，Scale Overしている）で正しくないときに有効です。

以上の設定は，上段のFIDデータに表示されます。窓関数は赤線で表示されます。ZerofillはFIDデータに表示されています。

3-9-4　位相補正ツールバー

FFT後の位相補正は，一応，自動で行えますが，さらに微調整を行いたいときに，このツールバーを使って位相補正を行います。

図3-136　位相補正ツールバー

詳しい内容は，3-4-1　位相補正を参照してください。

すべてOKになったら，「**完了**」をクリックすると，「**メインスペクトル画面**」に移行します。

3-9-5　基本ツールバー

下段のFFT後のスペクトル図の拡大・縮小を行います。詳しくは，**3-2　基本ツールバー**と使い方はほとんど同じですから，それを参照してください。

図3-137　基本ツールバー

FT変換後に自動位相補正をするときは「**FT後の自動位相補正**」にチェックを付けておきます。

3-10 印刷・編集（スペクトル：1D/2D共通）

ファイルメニューの「**印刷（スペクトル・編集）**」をクリックすると下のプレビュー画面が表示されます。この画面では，文字や図形・線・矢印・画像・構造式等も貼り付けることができます。また，スペクトル等の配置の調整ができます。

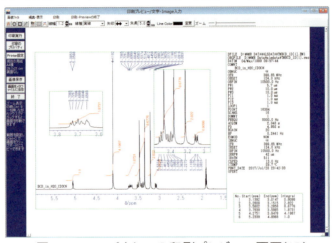

図3-138　スペクトルの印刷プレビュー画面(1D)

画面の左側のツールバーから次の操作ができます。

「**印刷実行**」：印刷を実行します(3-10-1)。
「**印刷のプロパティ**」：印刷時の設定を行います。1Dでは3-5-3，2Dでは4-5-4を参照してください。
「**Printer設定**」：プリンターの選択などを行います。
「**画像の保存**」：画面をファイルに保存します。3-10-4　(1)ファイルを参照してください。
「**画像をメタファイルに保存**」：画面をメタファイルに保存します。
「**終了**」：この画面を閉じてメインウインドウに戻ります。

3-10-1 印刷実行

これを実行すると，プリンターの選択画面が表示されます。印刷に使うプリンターや用紙・用紙の向きなどを設定します。「**印刷実行**」をクリックすると実際の印刷が実行されます。印刷が終わると，プレビュー画面を終了し，メインウインドウに戻ります。

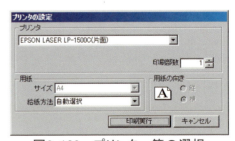

図3-139　プリンター等の選択

3-10-2 印刷のプロパティ

「印刷用フォント・色・線の変更」を行います。詳しくは3-5-3を参照ください。ピークリストがある場合，スペクトルの裏面にピークリストを印刷することができます(両面プリンターのみ)。

「**積分曲線**」を表示しない設定の場合では，「**積分BaseLine**」の下に**番号**を表示して「**積分リスト**」との対応をとることができます。

3-10-3 Printer設定

使用できるプリンターを選択します。図3-139と同じ画面が表示されます。「ＯＫ」をクリックすると，図3-138の画面に戻ります。印刷は実行されません。

3-10-4 印刷プレビューでのメニュー

現在のスペクトルデータを，上記の「**印刷のプロパティ**」設定に従って画面上に印刷結果を表示しています。プレビューの中のメニューを使っていくつかの操作ができます。ピークの帰属の文字等や構造式などを貼り付けることができます。

この画面を「**クリップボードへコピー**」，またはビットマップファイルとして保存できます。

(1) 画像ファイル

このメニューでは，画面の「**メタファイルへ保存**」と「**BMP・PNGファイル・クリップボードへ保存**」ができます。これらのデータはパワーポイントやワードなどに貼り付けられます。

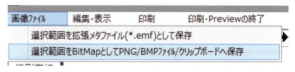

図3-140　プレビュー画面のコピー・保存

画面上に赤色の点線で囲まれた領域が保存されます。前もって保存範囲を設定しておいてください。

「**選択範囲を拡張メタファイル(*.emf)として保存**」：赤色点線の範囲を拡張メタファイルとして保存します。

「**選択範囲をBitMapとしてPNG/BMPファイル/クリップボードへ保存**」：

このメニューをクリックすると右図のダイアログが表示されます。保存サイズを設定（選択）して保存したい形式のボタンをクリックします。ファイルの選択のしかたは，通常のファイルの読み書きと同じです。横2,000～4,000 pixel程度が適

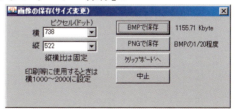

図3-141　プレビュー画面の保存

当です。なお縦横比は変更できません。

　BMPファイルはビットマップデータなのでかなり大きなサイズになります。PNGファイルは圧縮されていますので，かなり小さくなります。PNGファイルは jpeg（JPG）とは異なり圧縮・解凍しても画質は変わりません（BMPファイルと同じです）。

　なお，プレビュー画面では，編集のために，いろいろな部分に薄い灰色の補助線が表示されていますが，**保存されたデータではこれらは消去されています**。

（2）編集・表示

操作の取り消しや，貼り付けるイメージデータの入出力を行います。

「**取り消し**」：画面の中での各操作の取り消しを行います。

「**ズーム**」：拡大縮小（50～400 %）表示をします。

「**Image貼り付け**」等：クリップボードのImageデータを貼り付けたり，ファイルから読み込みます。

「**最前面に移動**」「**一番後ろに移動**」：Imageデータ等の表示順を変えます。

図3-142　編集・表示メニュー

「**重ね書きの編集**」：重ね書きのスペクトルの個別修正を行います。読み込みもできます（1Dスペクトルのみ）。

「**裏面を表示**」：ピークデータがある場合で「**裏面にピークリストを印刷する**」設定の場合，裏面のプレビューを表示します。

（3）印　　刷

印刷や，その設定を行います。

「**印刷のプロパティ**」：印刷用フォント・色・線の変更を行います。1Dでは3-5-3，2Dでは4-5-4を参照してください。

「**印刷実行**」：これをクリックすると3-10-1に示すプリンターの選択画面になり，「印刷実行」をクリックすると印刷が実行されます。

図3-143　印刷メニュー

3-10-5　プレビューの編集

プレビューの内容を編集するため，通常，下記のツールバーが表示されています。また，文字の配置・文字属性の変更モードの時も，このツールバーになります。

図3-144　文字等の入力・編集ツールバー

- A　文字の入力・変更モードにします。
- ○　丸の描画モードにします。
- □　四角形（正方形・長方形）の描画モードにします。
- ／　矢印・直線の入力モードにします。
- 　　文字や矢印，イメージ，スペクトルなどを移動するモードにします。
- 　　画面をファイル等に保存する範囲を設定するモードにします。
- 　　スペクトルの指定した区間に色を設定します。

「線幅」：直線・矢印の線幅を指定します。

「線種」：線の種類を選択します。実線・点線・鎖線などが選択できます。

「矢印」：矢印の種類を選択します。直線，終点に矢印，始点に矢印，両端に矢印，中抜き矢印など12種類です。

「矢長」：矢印の矢の長さ。mm単位です。

「LineColor」：矢印・直線の色を設定・変更します。

「ズーム」：編集画面の拡大・縮小（50～400 %）を行います。印刷には影響しません。

(1) 文字の入力

　Aをマウスでクリックして，文字の入力・変更モードにします。このときは下記のツールバーが表示されます。下段のツールバーは，文字の書式を設定するためのもので，文字を入力中に，選択範囲を書式設定します。

図3-145　文字の入力ツールバー

「Font」：フォントを設定します。

「Size」：文字サイズをポイントで指定します。

- A▼　文字に色を設定します。▼をクリックすると「色の選択ダイアログ（図4-59）」が開きます。
- I　イタリック（斜体）にします。
- B　ボールド（太文字）にします。
- U　下線を付けます。
- αβ　シンボル文字（ギリシャ文字等）にします。
- 　　消去線を付けます。
- X²　上付文字にします。
- X₂　下付文字にします。

文字を入力したい位置でマウスでクリックするか，すでにある文字をクリックするとText入力枠が表示されます（図3-146）。なお，Text入力枠が下や右に外れていて入力しにくいときは，「Shift」キーを押しながらマウスでドラッグすると移動できます。文字の貼り付け位置は変わりません。

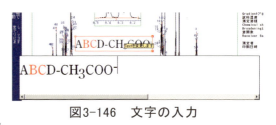

図3-146　文字の入力

　文字の入力はRichText形式で入力されますので，文字大きさ以外の文字飾りは入力通りに表示されます。

　入力の確定はマウスでText枠以外を左クリックするか，[Shift]+[リターン(Enter)]キーを入力します。

(2) 文字の位置・向き・大きさの変更

　をクリックすると，文字・Image 等の変更モードになります。マウスで変更したい文字をクリックすると，その文字が選択されます（図3-147）。

　場所を移動したいときは，マウスで枠の中をドラッグ・ドロップしてください。元の文字は赤線の枠

図3-147　文字等の選択・移動

で囲まれています。枠の右下の4角をドラッグすると（マウスのカーソルが↔で表示される）文字の大きさが変更できます。枠の右上の四角をドラッグすると（マウスのカーソルが↻で表示される）**文字列を回転**することができます。

(3) Imageの貼り付け

　「編集・表示」メニューの「Image貼り付け」を選択すると，クリップボードにある「イメージ」データが画面に貼り付けられます。

　前もって，ChemDrawやChem3Dなどのソフトウエアーで図や化学構造式等を作成しておいて，必要な部分を[CTRL]+[C]等の操作でクリップボードにコピーしておきます。ビットマップイメージやメタファイル形式でコピーしたものだけが有効です。テキストデータは貼り付けることはできませんが，ChemDraw中のテキストは貼り付けることができます。ワープロソフトからのテキストデータの張り付けは，前項の「**文字入力**」でできます。

図3-148　Imageの変更

また，「編集・表示」メニューの「**ファイルからImageを読み込む**」を選択すると，画像ファイルを読み込んで貼り付けます。読み込めるのは拡張子がemf, wmf, jpg, png, bmp, ico, gifのファイルです。

　大きさの変更は，イメージ枠の右下端（イメージが選択されているときは四角で表示：マウスのカーソルが↔で表示される）（図3-148）をマウスでドラッグして，希望の大きさのところでマウスを放すとできます。

　移動は，イメージ枠の中央付近（メージが選択されているときは，枠の中：マウスのカーソルが✥で表示）をマウスでドラッグして，希望のところでマウスを放すとできます。

　回転，および縦横比の変更はできません。

(4) 円・楕円の入力

　◯ をクリックすると、円・楕円の入力モードになります。マウスを円・楕円を入力したい位置にマウスを置き、ドラッグして大きさを決めてマウスを放すと、楕円が描画されます（図3-149）。大きさ・場所等を変更する時は をクリックして(7)の移動モードで行います。大きさの変更は，

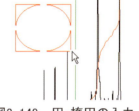

図3-149　円・楕円の入力

円・楕円枠の右下端（円・楕円が選択されているときは4角で表示：マウスのカーソルが↔で表示される）（図3-150）をマウスでドラッグして，希望の大きさのところでマウスを放すとできます。右上の四角をドラッグすると楕円の向きが変えられます。

　移動は，円・楕円の中央付近（円・楕円が選択されているときは，枠の中：マウスのカーソルが✥で表示）をマウスでドラッグして、希望のところでマウスを放すことでできます。

　円・楕円のプロパティの変更は、円・楕円の中央付近で右クリックするとポップアップメニューが表示されるので、その中の「**プロパティの変更**」メニューを選択します（図3-151）。「**輪郭描写**」にチェックを入れると円・楕円の輪郭が描写さ

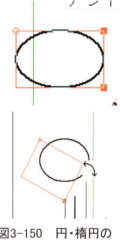

図3-150　円・楕円の回転

れます。線幅・線種・線色を指定します。

「**塗りつぶし**」にチェックを入れると円・楕円の内側がFill Colorで塗りつぶされます。チェックを外すと、輪郭のみの透明な図形となります。「**塗りつぶし**」と「**輪郭描写**」のチェックを同時に外すことはできません。「楕円率」は横軸と縦軸の比を表しており、これを1.0にすると真円になります。最後に「ＯＫ」または「Cancel」をクリッ

クするとPreview画面に戻ります。

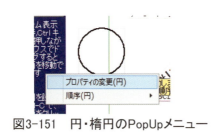

図3-151　円・楕円のPopUpメニュー

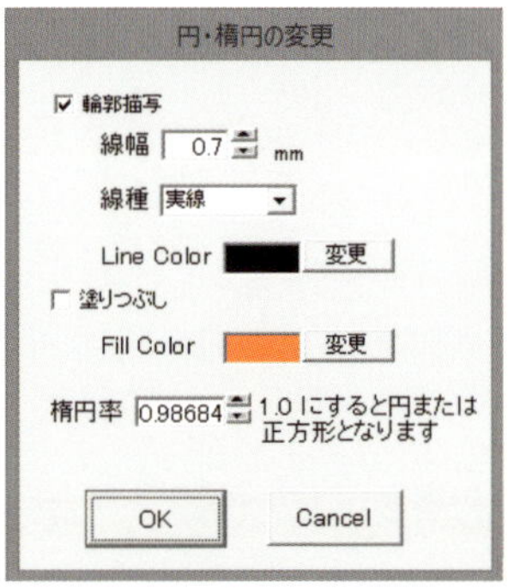

図3-152　円・楕円のProperty画面

(5) 四角形の入力

☐をクリックすると、四角形の入力モードになります。描画の操作は円・楕円とほぼ同じなので、前項を参照してください。

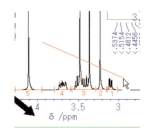

図3-153　矢印・直線の描画

(6) 矢印・直線の入力

╱をクリックすると、矢印・直線の入力モードになります。線の引き始めでマウスをクリックし、線の引き終わりまでドラッグすると、矢印・直線が描画されます(**図3-153**)。前もって、ツールバーの線幅・線種・矢印の種類・矢の長さ・線色を設定しておきます。あとで変更する時は、をクリックして移動モードにし、矢印を選択します。その状態で、線幅・線種・矢印の種類・矢の長さ・線色を変更します。また、矢印の配置も変更できます(**図3-154**)。

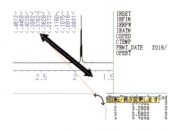

図3-154　矢印・直線の変更

(7) スペクトル・枠・スケール・パラメータなどの表示変更

をクリックすると移動モードになります。文字や矢印・Image 全てのものが移動・変更できます。スペクトルなどは、マウスカーソルを使って移動や大きさが変更できます。移動できる場合は、マウスカーソルを持っていくと何ができるか

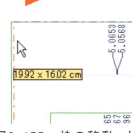

図3-155　枠の移動・大きさの変更

が表示されます。

［Shift］キーを押しながら2Dスペクトル枠をドラッグすると全枠（全体）の移動になります。

(8) スペクトル区間色の設定

をクリックすると「**区間色設定**」モードになり，ツールバーが下のようになります。詳しくは 3-4-7 **区間色の設定**を参照してください。

図3-156　区間色設定時のツールバー

(9) 補　　足

　文字・直線・Image等の位置はスペクトルの枠を基準としています。そのため，用紙サイズや印刷位置が変わって，枠の大きさや位置が変更されても，文字・直線等とスペクトルとの位置関係は変わりません。ただし，文字・Image等の絶対的な大きさは変わりませんから，スペクトルとの大きさの対応は設定し直す必要があります。なお，この枠は「**表示する・しない**」には関係ありません。

　また，2Dスペクトルの場合は，2D表示部分の枠のことで，添付1Dの枠ではありません。ただし，左端位置の数値は，一番左にある枠の位置です。

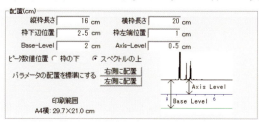

図3-157　1Dデータ印刷時の配置

(10) 1Dデータ印刷時の配置

　3-5-3で設定される印刷時の配置の数値（**図3-157**）の意味は**図3-158**のとおりとなります。スペクトルやパラメータなどの，それぞれの枠をマウスでドラッグし，移動することで枠の大きさ，配置を変更できます。また，［Shift］キーを押しながら枠をマウスでドラッグし移動すると全体が移動できます。

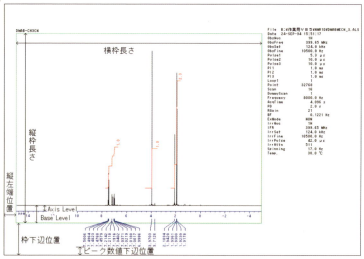

図3-158　1D印刷の配置

(11) 2Dデータ印刷時の配置

4-5-4で設定される印刷時の配置の数値(図3-159)の意味は図3-160を参照してください。スペクトルやパラメータなどの，それぞれの枠をマウスでドラッグし，移動することで枠の大きさ，配置を変更できます。また，[Shift]キーを押しながら枠をマウスでドラッグし移動すると全体が移動できます。

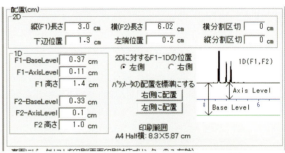

図3-159　2Dデータ印刷時の配置

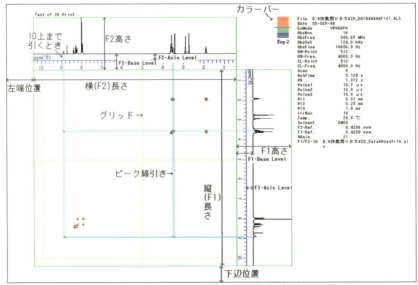

図3-160　2D印刷配置パラメータの意味

F1軸の1Dスペクトルが左側にあるときの**左端位置**は1Dスペクトルの左枠になります

第4章　2次元NMRデータ処理の操作

4-1　基本ツールバー

データがあるときには，どの操作モードにあるかは関係なく常に操作できます。
ツールバーのアイコンにマウスを置くとヒントが表示されます。

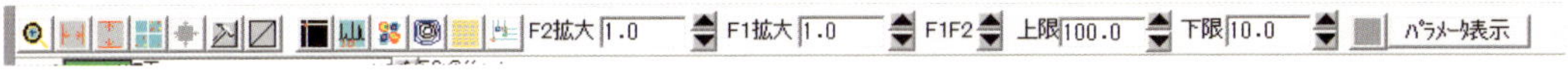

図4-1　基本のツールバー

- 枠で囲んだ範囲（右図赤線）を拡大する。

図4-2　枠で囲んだ範囲を拡大

- 2本の線（右図赤線）の間を横方向に拡大する（図4-3）。

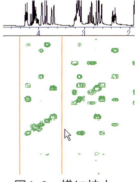

図4-3　横に拡大

- 2本の線（右図赤線）の間を縦方向に拡大する（図4-4）。
- 分割表示の設定を行います（4-5-9を参照）。
- 1つ前の拡大率に戻します。50回前まで戻ることができます。
- 拡大率を初期値（全範囲表示）に戻す。

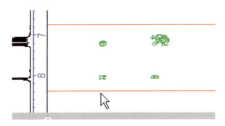

図4-4　縦に拡大

- ▱ 表示の縦横範囲を同じにします。
- ■ 1D表示エリアにスライスを表示します。また，マウスで2Dエリアをクリックすると，その位置のスライスになります。スライスの位置は赤線で示されます。
- 1D表示エリアの表示を1Dデータに変えます。1Dデータが無いときは，1Dデータの読み込み（メニュー「**ファイル**」を参照）の画面に移行します。
- 2Dエリアの表示方法を「色調段階」（ベタ塗り）にします(再描画にも使えます)。
- 2Dエリアの表示方法を等高線に直します（再描画にも使えます）。
- 2Dエリアに等間隔のグリッドを表示・非表示させます。トグル式で，これをクリックすることにより，交互に表示と非表示となります。
- ピーク線の表示・非表示の切り替えを行います。ただし，ピーク線が登録されていないときは何も表示されません。

「F1拡大」：F1軸に表示してある1Dスペクトルまたはスライスの縦方向の拡大・縮小を行います。

「F2拡大」：F2軸に表示してある1Dスペクトルまたはスライスの縦方向の拡大・縮小を行います。

「F1, F2」：F1軸とF2軸に表示してある1Dスペクトルまたはスライスの縦方向の拡大率をF2に合わせた後，拡大・縮小を行います。

「上限」：等高線の一番上の高さ(%)を設定します。

「下限」：等高線の一番下の高さ(%)を設定します。この「一番下」というのは，正側でベースラインに一番近い高さです。位相検出2Dの場合は，負側の方は，この上限・下限に-1を乗じた値を使います。

これらの値は，マウスでF2軸上のスライス表示の赤線（上限）と緑線（下限）を，それぞれ左ボタンと右ボタンで移動することでも設定できます。通常はマウスで行う方がやりやすいと思います。

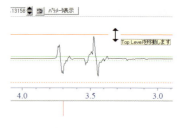

図4-5　等高線の上下限の設定

- ↺ 上記の「下限」「上限」の設定の変更を1つ前の状態に戻します。50回前まで戻ることができます。

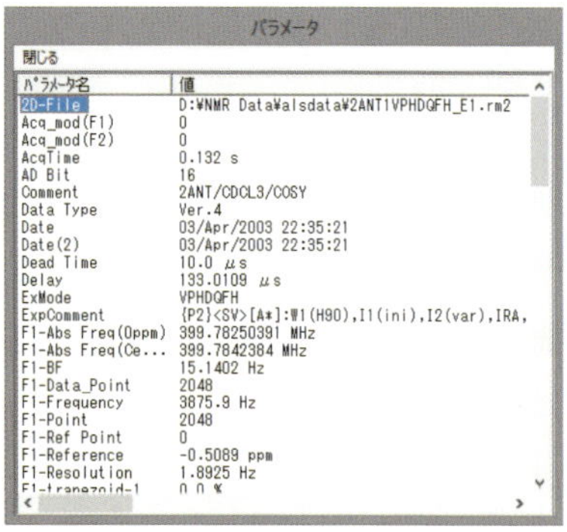

「パラメータの表示」：測定パラメータを表示します（図4-6）。

図4-6　パラメータの表示

4-2 基本メニュー

4-2-1 ファイル

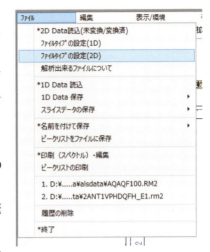

図4-7　ファイルメニュー

「2D Data読み込み(未変換/変換済)」：NMRデータの読み込み画面(4-3-1)へ進みます。

「ユーザー設定のファイルタイプ(1D)・(2D)」：「1D／2D Data 読込」においてファイル一覧に表示させるファイルの種類を設定します。

「解析出来るファイルについて」：取り扱えるファイルの種類と，必要なファイルを表示します。1Dの場合とは若干異なります。

「1D Data読込」：1Dエリアに添付する1Dデータの読み込みを行います。4-3-4へ進む。

「1D Data保存」：1Dエリアに添付されている1Dデータをファイルとして保存します。

「スライスデータの保存」：スライスデータを1Dデータとして保存します。

「名前を付けて保存」：表示してある2DデータをWindows(MS-DOS)ファイルとして保存します。形式は，本アプリケーション形式(*.rm2, *.rmo2 または *.rmo)，旧アプリケーションVer.3形式(*.rm2)，Alice2形式(*.als)およびASCII形式です。

「印刷(スペクトル)・編集」：表示してあるスペクトルをプリンターへ印刷します。プリンターは，システムで設定してあるプリンターです。プレビュー画面は1Dの時と同じで簡易Drawになっていますので，直線・矢印・文字を付け加えて印刷することができます。また，印刷と同じ画面を拡張メタファイル(EMF)，ビットマップ(BMP)形式やPNG形式のWindows(MS-DOS)ファイルとして保存できます。

「ピークリストの印刷」：ピークピッキングで検出したピークの数値データをプリンターに印刷します。

「1～20・・・」：これまでに読み書きしたファイルの履歴を表示します。各ファイルをクリックすると，それを読み込みます。

「履歴の削除」：前記のファイルの履歴を削除します。

「終了」：このアプリケーションを終了して，ウインドウシステムに戻ります。

注：Alice2で読める形式(*.als)で保存するには，4-5-5　動作環境の設定　で「*.als形式での保存を表示する」にチェックをしてください。また，Ver.3形式で保存するには，同様に「Ver.3形式での保存メニューを表示する」にチェックをしてください。ファイルメニューに「名前を付けて保存－Alice2形式(*.als)」，および「名前を付けて保

存一Ver.3形式(*.rm2)」が表示されます。

　なお，Ver.3のアプリケーションをVer.3.7.18以降にアップデートすれば，Ver.4形式データも読み込めますので，Ver.3形式で保存する必要はほとんどありません。

4-2-2　編　集

データの種類によっては操作ができないものもあります。

図4-8　編集メニュー

「取り消し」：編集作業で，誤って操作したり削除したときなどに，前の状態に戻します。拡大率の取り消しは基本ツールバーのボタンで行います。

「F2 位相補正(Phase)」：FT変換時に補正したものをF2方向に再補正します。

「F1 位相補正(Phase)」：FT変換時に補正したものをF1方向に再補正します。

「2D Reference設定」：2DスペクトルのReferenceの設定を行います。

「1D Reference設定(F2/F1)」：F2またはF1の1DデータのReferenceの設定を行います。

「F2方向BaseLine補正・F1方向BaseLine補正」：FT時のベースラインのうねり等を補正します。ただし，この補正を行った後には，正確な位相補正は行えません。

「1Dスペクトルの編集」：1Dデータ編集用の別ウインドウを開き，そこで当該スペクトルの編集(Referenceの設定，位相補正，ベースライン補正)を行います。

「対称処理」：同核種2Dスペクトルで対角線に対して対称処理を行います。

「Peak線引き」：スペクトルのピークから1Dスペクトルに対して線引きを行います。自動でもできますが，不要なものが多くなりますので手動で設定することを勧めます。このデータは，4-3-9　ピークリストの印刷によって印刷できます。

「スペクトルの反転」：F1方向またはF2方向のスペクトルとケミカルシフトとの対応を反転します。

「F1とF2のデータの入れ替え」：F1とF2の座標を入れ替えます。

「パラメータの修正」：測定時のパラメータのうち解析に影響のないものの修正を行います。

「データの履歴」：測定時から現在までの編集・修正の履歴を表示します。履歴はデータファイル(*.rm2，*.rmo2 や *.rmo)に保存されています。

「INADEQUATEの変更」：INADEQUATEスペクトルの表示モードの変更などを行います。

4-2-3　表示/環境

「表示の設定」：等高線の書き方の設定などを変更します。位相検出データのパワースペクトル表示の選択もできます。

「表示範囲の変更」：スペクトルの表示範囲を変更します。

「編集表示用フォント等の設定」：編集画面（現在の画面）の様々な書式を設定します。F1/F2軸の単位（ppmとHz，kHz）の変更，形式，フォントの変更などを行います。

「印刷 Font・線・色の変更」：印刷の様々な書式を設定します。F1/F2軸の単位（ppmとHz，kHz）の変更，形式，フォントの変更などを行います。

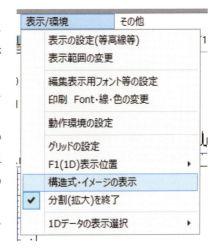

図4-9　表示メニュー

スペクトルや座標軸などの印刷時の色や，線の太さの変更も行います。

「動作環境の設定」：アプリケーション立ち上げ等の基本的な動作環境を設定します。

「グリッドの設定」：編集画面・印刷面上にグリッドを表示させるかの設定，グリッド間隔の設定を行います。

「F1表示位置」：F1軸の1Dデータを右側に表示するか，左側にするかを設定します。

「構造式・イメージの表示」：構造式やイメージなどを常時表示するウインドウの表示をON/OFFします。✓が付いているときは表示されます。

「分割(拡大)」：分割表示にするかを選択します。✓が付いている時は分割表示になっています。

「1Dデータの表示選択」：1Dデータ表示領域に通常の1Dデータを表示するか，2Dの投影図を表示するかを設定します。

4-2-4　そ の 他

「パラメータファイルの編集」：印刷時に使うパラメータファイルの整理・編集を行います。

　「Operator名の追加・削除」：測定者名の登録・削除を行います。測定者名は印刷に使います。

　「Reference用装置Dataの整理」：測定装置の測定周波数（正確な）等，主要データの整理を行います。

　「バージョン情報の表示」：本アプリケーションのバージョン・作成日時を表示します。

　「User情報」：現在このアプリケーションに使っている設定ファイル名等を表示します。

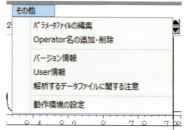

図4-10　その他メニュー

4-3　ファイル

2次元フーリエ変換するためのFIDデータや，変換後のスペクトルデータを読み込みます。また，編集後のスペクトルの印刷や保存もここから行います。

4-3-1　読み込み

このメニューを開くと以下のダイアログが表示されます。扱い方はWindowsのファイルのメニューと同じです。

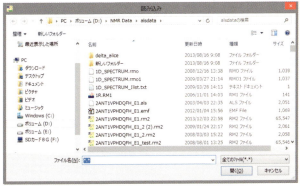

図4-11　ファイルの読み込みダイアログ

本アプリケーション独自形式を始め，ほとんどのNMRデータに対応しています。たとえば次のファイル等です。

a) 独自形式(*.rm2等)　　　変換済み
b) アリス形式(*.als)　　　未変換，変換済み
c) EX,GX,GSX形式(*.gxd)　未変換，変換済み
d) Bruker UNIX　　　　　未変換(ser)，変
　　換済み(2rr,(2ri,2ir,2ii))

詳しくは，以下の4-3-3　解析できるファイルについてをクリックして，その内容を見てください。

いずれの場合もWindowsで扱えるファイル(MS-DOSファイル)である必要があります。

ファイルリストの目的のファイルをダブルクリックするか，クリックした後，「開く」をクリックすると読み込みを開始します。フーリエ変換済みのデータの場合は表示画面に移りますが，未変換データの場合は変換のための設定画面になります（図4-12）。

図4-12　未変換データ読み込み設定　File Name 2は位相検出 GXDファイルのときのみ表示されます

図4-12の内容は以下の通りです。

「File Name」：読み込むファイルの名前が表示されています。なお，Phase Sensitive（位相検出型）GXDファイルの場合は２つ目のファイル名を自動的に表示しますが，異なる場合は「File Name 2」をクリックして２つ目のファイルを設定してください。

「解析方法」：解析方法を示しています。データから分かる場合は自動的に設定していますが，どれも設定されていない場合もあります。必ず，どれかを選んでください。

「特殊な操作」：Phase Sensitiveデータなどでスペクトルが反転していたり，ゴーストピークが出たりしてうまく変換できないときに設定します。通常はチェックを外しておいてください。

「データの編成替えをする」：Phase Sensitiveのデータは，装置によってはF1, F2軸の実数・虚数データが混ざったままの場合があります。この場合のみ，ここにチェックを入れてください。

「F1データの上下を入れ替える」：位相回しの際に奇数番目のデータの符号を戻していないと上半分と下半分が入れ替わります。これを修正します。

「F1データの方向を入れ替える」：虚数データの符号が異なっていると上下または左右の方向が入れ替わる事があります。これを修正します。

「実行」をクリックすると次に進みます。

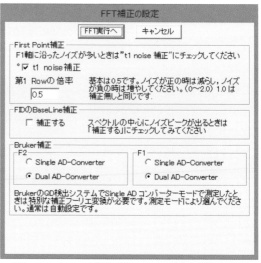

図4-13　t1補正等のFID補正設定画面
Bruker データの場合のみ Bruker 補正設定が表示されます

First Point 補正等を行うウインドウが開きます。

「First Point 補正」：F1軸に沿った直線状のノイズを消去します。ノイズが消えるように倍率を調整します。

「FIDのBaseLine補正」：FIDのベースラインがズレていると，スペクトルの中心にゴーストピークが現れます。これを補正します。

「Bruker補正」：1Dデータの時と同様に，Brukerの装置でSingle AD-Converterを使った場合に必要な特別なフーリエ変換の設定です。通常は自動で判別します。Brukerのデータの時のみ表示されます。

「FFT実行」をクリックすると２次元のフーリエ変換(4-7)に進みます。

4-3-2　ユーザー設定のファイルタイプ（1D, 2D）

前述の「**ファイルの読み込み**」ダイアログ（図4-11）でファイルの種類のBoxで表示されるファイルの拡張子を選択します。1Dデータの分も設定できます。

それぞれ5種まで選択できます。「**ファイルの名・種類**」のリストBoxの中から必要な拡張子を選択してください。「**確定**」をクリックすれば設定が保存されます。

拡張子が決まっていないファイルの種類は選択できません。この場合は、「**ファイルの読み込み**」では、全てのファイル(*.*)を選択してください。

図4-14　ユーザー設定のファイルタイプ変更ウインドウ(2D用)
1D用もほぼ同じです

4-3-3　解析できるファイルについて

NMRのデータは、装置によってデータファイルの名前や拡張子、パラメータファイルなどが決まっています。このメニューをクリックすると図4-15のように、装置の種類ごとに必要なファイルに関する注意が表示されます。

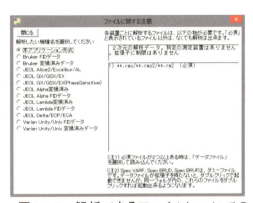

図4-15　解析できるファイルについてのウインドウ

4-3-4　1Dデータの読み込み

添付する1Dデータを読み込みます。
「**2Dとの合わせ方**」：

(1) 中心周波数で合わせる

1Dと2Dで測定した時のそれぞれの設定を用いて、1Dと2Dのケミカルシフトを合わせます。通常はこれで合わせてください。2D側のReference設定は無視され1Dの設定になります。

図4-16　1Dデータ読み込みダイアログ

(2) ケミカルシフト値で合わせる

1D,2DのReference設定を保持したままでスペクトルの相対位置を合わせます。

「**F2軸File選択**」：F2軸に貼り付ける1Dデータを読み込みます。

このボタンを押すと、通常の1Dデータの読み込みダイアログが表示されますので、

必要なファイルを開いてください。フーリエ変換していないデータの場合はフーリエ変換ウインドウが開きます。使用法は3-9を参照してください。2DデータがHomo Nuclearデータの場合は「F1軸File選択」に自動的にコピーされます。

「F1軸File選択」：上記と同様に，F1軸に貼り付ける1Dデータを読み込みます。

「Reference等設定」：上記で読み込んだ1DデータのReference 設定，ベースライン補正，位相補正を行います。操作は3-4を参照してください。

4-3-5　1D データの保存

添付してある1Dデータを，通常の1Dデータファイルとして保存します。保存形式はVer.4形式（*.rm1，*.rmo），Ver.3形式（*.rm1），Alice2形式（*.als），JCAMP形式，ASCII形式です。

図4-17　1Dデータ保存メニュー

メニュー「ファイル － 1D Data保存 － Ver.4形式 － F2」等のように保存形式とデータの場所を指定します。

4-3-6　名前を付けて保存

(1) Ver.4形式（*.rm2，*.rmo2，*.rmo）

このメニューを開くと図4-18のダイアログが表示されます。「フォルダ」にドライブ／ディレクトリーをセットして，ファイル名を入力後，「保存」をクリックすると保存されます。

保存形式は独自形式（保存形式はVer.4）*.rm2 です。また，拡張子を *.rmo2/rmoとして，Ver.3と区別することもできます。1Dデータ，

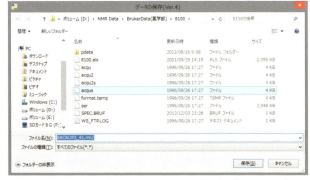

図4-18　rm2形式でのファイルの保存ダイアログ

ピーク値，印刷設定等の印刷時の全てのデータも一緒に保存されます。データの形式は基本的には1次元データと同じです。これは，メニュー「その他 － 動作環境の設定」で設定できます。

(2) Ver.3形式(*.rm2)

このメニューを開くと上記と同様のダイアログが表示されます。旧データ形式(Ver.3)で保存できます。

(3) Alice形式(*.als)

このメニューを開くと**図4-15**と同じダイアログが表示されます。保存形式はAlice形式(*.als)です。1Dデータ，ピーク値等のデータも一緒に保存されます。

(4) ASCII形式(*.txt, *.dat, *.asc)

このメニューでの保存形式はASCII形式で拡張子は *.txt,*.dat，または *.asc です。ファイルの内容は1行づつ次の形式で書かれています。OriginやExcel等の計算ソフトウエアーで読み込むことができます。

　　　　F2ケミカルシフト，F1ケミカルシフト，強度
　　　　　・・・　　　，・・・，　・・・
　　　　　・・・　　　，・・・，　・・・

4-3-7　ピークリストをファイルに保存

ピークリストとASCIIデータ形式でファイルに保存します。

4-3-8　印刷(スペクトル)・編集

現在ウインドウに表示されているスペクトルの印刷(プロット)と印刷に付随する編集を行います。詳しくは**3-10　印刷・編集**を参照してください。

4-3-9　ピークリストの印刷

ピーク検出（編集）で検出したピークのリスト（ケミカルシフト・強度）を印刷します。印刷先はプリンター名で設定します。「ＯＫ」をクリックすれば，プレビューを表示後，印刷を開始します。取りやめは「**キャンセル**」をクリックします。印刷時のフォント，リストの形式はプレビューで設定可能です。

印刷例を**図4-20**に示します。

図4-19　ピークリスト印刷ダイアログ

「システム既定のプリンターを変更しない」設定の場合の表示

```
Peak List
File   D:\NMR Data\alsdata\NMR2D_1.RM2
Comment:  TMbCD_H2O:AcCN=1:1_COSY

No.     F2/ppm(Hz)          F1/ppm(Hz)          Height
1       3.1037 (1240.81)    3.3969 (1358.01)     31.9102
2       3.1037 (1240.81)    3.4152 (1365.34)     20.9383
3       3.1037 (1240.81)    3.4445 (1377.06)    -30.9552
4       3.1037 (1240.81)    3.1367 (1253.99)    -52.9015
5       3.1038 (1240.83)    3.1057 (1241.59)     25.5133
6       3.1294 (1251.06)    3.4409 (1375.59)     34.9561
7       3.3969 (1358.01)    3.5105 (1403.43)     27.8372
8       3.3969 (1358.01)    3.5581 (1422.47)    -20.7126
9       3.4445 (1377.06)    3.5581 (1422.47)     27.0295
10      3.4665 (1385.85)    3.7523 (1500.12)    -57.2091
11      3.4665 (1385.85)    3.7230 (1488.40)     67.4024
12      3.4922 (1396.10)    3.7523 (1500.12)     64.3665
13      3.5095 (1403.02)    3.7044 (1480.97)    -28.7725
14      3.6791 (1470.82)    3.6791 (1470.82)      0.0000
```

図4-20　ピークリストの印刷例

4-3-10　履　歴

読み込み，または保存したファイルの名前が20個まで順に表示されています。

これをクリックすると，再度読み込みができます。ファイルの保存場所を探す手間が省けます。

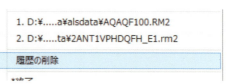

図4-21　履歴，履歴の削除

4-3-11　履歴の削除

上記のように，ファイルは「**ファイル**」メニューの履歴に最近の20個まで表示され，これをクリックすることで読み込むことができます。不要で削除したいときは，ここをクリックします。ただし，一括でしか削除できません。

4-3-12　終　了

右図のような終了ウインドウが表示されます。もとの画面に戻るときは「**終了をキャンセル**」をクリックします。現在のデータを保存するときは「**保存して終了**」を，現在のデータを破棄するときは「**保存しない**」をクリックします。

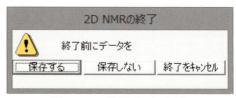

図4-22　終了ウインドウ

第4章　2次元NMRデータ処理の操作　99

4-4　編　集

2Dデータの位相補正やベースライン補正などの編集を行います。位相補正はPhase Sensitive(位相検出)データに対してのみできます。

4-4-1　F2位相補正(Phase)

0次の補正をするピークを基本ツールバー中の■ボタンをクリックして選び，そのスライスデータをF2軸の1Dデータ領域に表示させます(図4-24)。

図4-23　F2位相補正ツールバー

をクリックして，F2軸の1Dデータの該当ピークにマウスをクリックしてピボット点(pp)を設定します。

Phase-0の数値を，「Phase-0スライドバー」を使うか，Phase-0の数値をクリックして調整します。

次に，基本ツールバー中の■ボタンをクリックして上記pp点より離れたピークのスライスを表示させます。

全体のピークの位相が合うようにPhase-1を変更します。

「Preview」ボタンをクリックすると，位相補正された2Dスペクトルが表示されます。

「解除」ボタンをクリックすると最初の2Dスペクトルに戻ります。

修正を確定するには「確定」ボタンをクリックします。必ず「Preview」を行ってから「確定」してください。

補正を取りやめるときは「キャンセル」をクリックします。

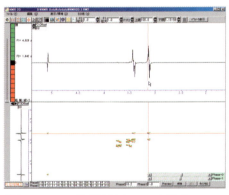

図4-24　F2位相補正　ppの設定，phase-0の補正

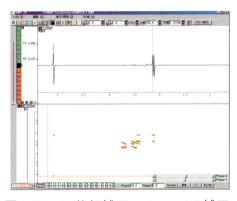

図4-25　F2位相補正　phase-1の補正

4-4-2 F1位相補正(Phase)

F1軸の位相補正を行います。F2軸の位相補正と操作は，ほぼ同じです（図4-26）。

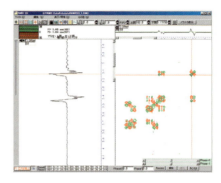

図4-26　F1位相補正

4-4-3 2D Reference

2DスペクトルのReferenceを設定します。これは，1Dスペクトルとの位置的対応を修正することに相当します。

図4-27　2D Reference設定ツールバー

「Ref値 F1」：F1軸方向の基準点のケミカルシフト値を入力します。
「Ref値 F2」：F2軸方向の基準点のケミカルシフト値を入力します。
　　カーソルの近くのピークトップにRefを設定します。
　　カーソルの位置にRefを設定します。
「F2軸の微調整」：矢印　，　の方向にF2軸の1Dスペクトルを移動します。
「F1軸の微調整」：矢印　，　の方向にF1軸の1Dスペクトルを移動します。
「SetCenter(F1)」：1Dと2Dスペクトルの測定条件からF1軸の1Dスペクトルの位置関係を
　　　　　　　　修正します。
「SetCenter(F2)」：1Dと2Dスペクトルの測定条件からF2軸の1Dスペクトルの位置関係を
　　　　　　　　修正します。
「装置Data(F1)」：3-8-3で示される装置データを使ってF1軸のReferenceを設定します。
「装置Data(F2)」：3-8-3で示される装置データを使ってF2軸のReferenceを設定します。

2DスペクトルのReferenceが正しく設定されると，1Dスペクトルとの対応がとれるようになります。

設定の仕方(1)：「Ref値 F1」と「Ref値 F2」にケミカルシフトのわかっているピークのケ
　　　　　　ミカルシフト値を入力します。次に，　をクリックした後，マウスで対象とするピ

ークを囲みます。囲んだ中のピークトップにF1,F2のReference
値が設定されます。

設定の仕方(2)：(1)と同様ですが，□をクリックして，マウスで
　対象とするピークの上でクリックします。マウスの位置に
　F1,F2のReference値が設定されます。

図4-28 PeakTopに設定

設定の仕方(3)：1Dスペクトルを読み込むときに，「中心周
　波数で合わせる」設定の時は，2Dのreference値は自動
　的に設定されます。「SetCenter(F1)」をクリックすると，F1軸に対して同様の設定を
　行います。F2軸に対しては「SetCenter(F2)」をクリックします。

設定の仕方(4)：以前，1Dを測定
　してデータ処理(Reference設
　定)をしたことがあるときは，
　「装置Data(F1)」または「装
　置Data(F2)」で2DのReference
　設定を行うことができます。
　「装置Data(F1)/(F2)」をクリ
　ックした後，右のウインドウ

図4-29 装置データの選択

が開きます(図4-29)。該当する変更候補の中から適当な測定条件を選択します。

上記の設定法でも，1Dと2Dスペクトルの間には若干のズレが生じます。矢印 ←, →,
↑, ↓をクリックして，微調整してください。また，設定がうまくいかなかったときは，
メニューで「取り消し(Reference設定)」をクリックすると，前の状態に戻ります。

4-4-4 1D Reference(F2)設定

　1DスペクトルのReferenceを変更します。なお，操作法は3-4-2 Referenceの設定と同
じですので，そちらを参照してください。

図4-30 1D Reference設定ツールバー(F2)

「Ref値」：基準点のケミカルシフト値を入力します。

　カーソルの近くのピークトップにRefを設定します。

　カーソルの位置にRefを設定します。

「SetCenter(F2)」：1Dと2Dスペクトルの測定条件からF2軸の1Dスペクトルの位置関係を修正します。

設定の仕方(1)：「Ref値」にケミカルシフトのわかっているピークのケミカルシフト値を入力します。次に，八をクリックした後，マウスで対象とするピークを挟みます。挟んだ中のピークトップにF2のReference値が設定されます。

設定の仕方(2)：(1)と同様ですが，|PTをクリックして，マウスで対象とするピークの上でクリックします。マウスの位置にF2のReference値が設定されます。

注意事項：1DのReference設定は2Dと独立に行われます。従ってそのままにすると2Dとの対応がズレてしまいます。変更後は必ず，「SetCenter(F2)」をクリックして，1Dと2Dとの対応をとってください。微調整は4-4-3 2D Referenceで行ってください。

4-4-5 1D Reference(F1)設定

F1側の設定を行います。「1D Reference(F2)設定」の時と操作はほとんど同じです。

4-4-6 F1方向ベースライン補正

F1方向に筋状のノイズがあるときは，データ読み込み時(4-3-1)に，図4-13に従ってFirst Point補正を行ってください。

それでも消去できない場合に，このベースライン補正を行います。操作方法は，下記の「F2方向ベースライン補正」と同じですので，そちらを参照してください。

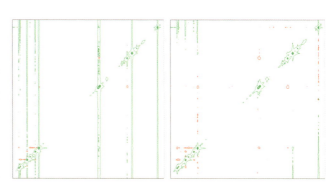

図4-31 First Point補正をしない場合(左)と，行った場合(右)

4-4-7 F2方向ベースライン補正

スペクトルのF2方向のベースラインが曲がっていたり，0点からズレている時，これを補正するために行います。特に，F2方向に横の筋がある時にこれを除去するのに有効です。0点に補正する点を複数設定できます。

図4-32 F2ベースライン補正ツールバー(F2)

第4章　2次元NMRデータ処理の操作　103

　補正点の設定モードにします。ピークにかからないようにしてください。
　補正点を削除します。
「Ave.Point数」： 補正点前後の平均値の計算のためのデータ点数。
「Preview」： 補正点を使って補正した結果を一時的に表示します。
「解除」： Previewを解除します。
「確定」： 補正結果を確定し，補正を終了します。
「キャンセル」： 補正前の状態に戻し，終了します。

(1) 補正の行い方

　　をクリックし，補正点の設定モードにします。マウスで補正する場所でクリックすると，横の線（緑）が表示されます。必要な場所に設定しますが，ピークにかからないように注意してください。

　不要な補正点（線）がある場合は，　　をクリックして削除モードにし，マウスカーソルと補正点（線）を一致させ左クリックすると，その点は削除されます。

　これらの操作は，メニュー「**編集 － 取り消し**」で5つ前まで操作を取り消せます。

　補正点を設置したら，「Preview」ボタンをクリックして補正結果を表示させてください。よければ「確定」をクリックして終了します。必ず「Preview」を行ってから「確定」してください。また，「解除」をクリックすると，補正前のスペクトルに戻ります。

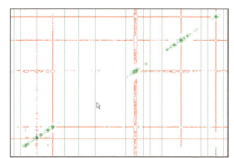 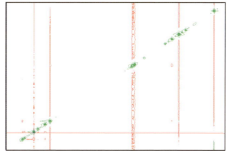

図4-33　補正位置を設定した状態(左)　F2方向を補正したスペクトル(右)

4-4-8　対称処理

　同核種2Dスペクトルでは，一部（INADEQUATE等）を除いて，全てのシグナルは対角線に対して対称となります。従って，対称的に存在しないピークは，全てノイズです。対角線から等距離にあるデータを比較して絶対値の小さな値に揃えることによってかなりのノイズを除去できます。ただし，T1ノイズなどが存在したまま，この操作を行うとゴースト（偽）ピークが現れるので，十分に注意する必要があります。必ず，F1およびF2方向の

ベースライン補正を行ってからこの作業をしてください。

図4-34　対称処理ツールバー

→ 対称中心線(対角線)を0.25 point右にズラします（最大10 point）。
← 対称中心線(対角線)を0.25 point左にズラします（最大10 point）。
「Shift」：何point ズラしたかを表示します。
「Preview」：現在の設定で対称処理を行ってみます。
「解除」：対称処理のPreviewを解除して元の状態にします。
「確定」：表示されている状態の対称処理を確定します。
「キャンセル」：対称処理せずに終了します。

(1) 処理の仕方

　この処理モードになると，対角線が表示されます。対角線を→や←を使って対角ピークの中心に合わせ，「Preview」をクリックします。この操作は何度でもできます。よければ，「確定」をクリックして終了します。「Preview」をしないと対称処理は行われません。

　対称位置にあるピークの大きさが最大になるようにします。この操作を行う前に必ずベースライン補正を行ってください。

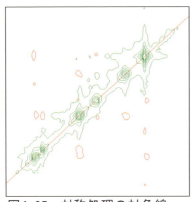

図4-35　対称処理の対角線
　　　　対称処理前

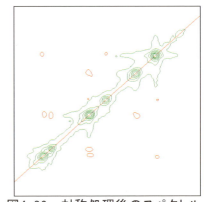

図4-36　対称処理後のスペクトル

4-4-9 ピーク線引き

2Dスペクトルにおいて，ピークが1Dスペクトルのどのピークに対応するかを見るための線引きを行います。INADEQUATEスペクトルの場合は線の引き方が異なります。

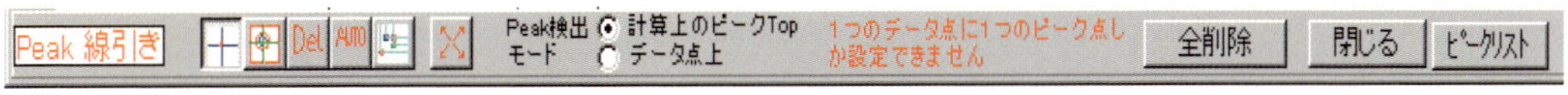

図4-37　ピーク線引きツールバー

- カーソル位置にピーク線を追加するモードにします。
- カーソル位置に一番近いピークトップ位置にピーク線を追加します。
- カーソル位置のピーク線を削除します。
- 全範囲のピークトップを検索して，ピーク線を追加します。
- 表示範囲内のピークトップを検索して，ピーク線を追加します。
- ピーク位置を移動します。

「**計算上のピークTop**」：データ補間表示の場合計算上のピークトップにピーク線を引きます。

「**データ点上**」：実際のデータ点上にピーク線を引きます。

「**全削除**」：設定されているピークを全て削除します。

「**閉じる**」：Peak線引きのモードを終了します。

「**ピークリスト**」：現在表示されているピーク位置の一覧を表示（印刷）します。

(1) 通常の線引き

通常の2Dスペクトルの線引き（INADEQUATEが設定されていない）線引きです。

自動で線引きするときは AUTO または をクリックします。

をクリックして，引きたいピークの上にマウスでクリックします。近くのピークトップを捜して，その点から1Dスペクトルに向かってF1とF2方向に線を引きます。

をクリックしたときは，マウスカーソルを離した位置に線引きを行います。

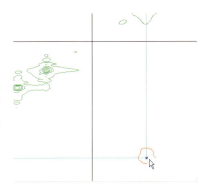

図4-38　ピークの設定

ピークの位置を移動するときには， をクリックしてピーク移動モードします。カーソルを，移動したいピークトップに近づけます。カーソルのそばに「**このピークを移動**」と

いうTool-Tipが表示されたら，マウスでドラッグして，希望の位置に移動します(図4-39)。

ピークを削除するときは De をクリックしてピーク削除モードします。カーソルを，削除したいピークトップに近づけます。カーソルのそばに「このピークを削除」というTool-Tipが表示されたら，マウスをクリックして，削除します。

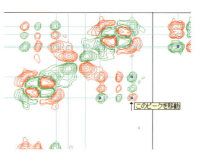

図4-39　ピークの移動

以上の操作は，「取り消し」メニューで5つ前まで戻れます。

(2) INADEQUATEの線引き

INADEQUATEスペクトルの測定法にはいくつかありますが，F1軸のケミカルシフトがF2軸の2倍となるモードで測定した場合は，ピーク線引きの方法が通常の2Dとは異なります。F2の1Dスペクトル上のピークから，右の図のように，同じF1軸のケミカルシフト上のピークをたどってF2軸のピークに戻るような線を引く必要があります。

ピークトップは「傾き2」の直線に対称的に2つ設定されます。移動するときも対称的な2点がセットで移動します。削除するときも同様に，対称的な2点がセットで削除されます。

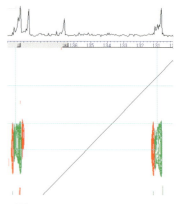

図4-40　INADEQUATE
ピークの線引き

4-4-10　1Dスペクトルの編集

添付されている1Dスペクトルに位相補正やベースライン補正などの修正を加える必要がある場合は，それぞれを修正することができます。メニュー「編集」の「1Dスペクトルの編集」で「F1軸1Dスペクトルの編集」または「F2軸1Dスペクトルの編集」を選択して，それぞれのスペクトルを編集します。編集の行い方は第3章の1Dスペクトル編集を参照してください。

また，1Dスペクトルが存在していなくても，1Dスペクトルの編集画面に移行します。この場合は，1Dデータを読み込むことができます（フーリエ変換済みでなくても可）。

4-4-11　スペクトルの反転

　測定時の位相回しによってはスペクトルの左右もしくは上下のケミカルシフトの大小の向きが違っていることがあります。この場合にこの操作を行ってください。取り消すためには，同じ操作をもう一度行ってください。

　なお，スペクトルとケミカルシフトとの対応が合っている場合はこの操作は行わないでください。単に表示を反転させるだけの場合は，**4-5-2　表示範囲の変更**で，表示開始位置を入れ替えてください。1Dではケミカルシフトは左に向かって大きくなるようにしか表示できませんが，2Dの場合はこの向きは自由に変えられます。

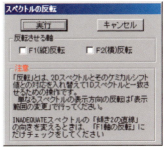

図4-41　スペクトルの反転

4-4-12　F1/F2の入れ替え

　Hetero Nuclear（異核種）2Dスペクトルの場合に，F1軸とF2軸の関係を交換します。

　右の質問に「ＯＫ」をクリックすると交換が行われます。取り消しは，この操作をもう一度行ってください。なお，Homo Nuclear（同核種）の場合は意味がありませんので，実行できません。

図4-42　スペクトルの入れ替え反転

4-4-13　パラメータの修正

　右図のウインドウが開きますので，測定条件や，コメントなどの修正ができます。スペクトルが変更されるようなパラメータ（たとえば観測周波数）は変更対象外です。

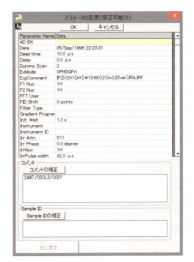

図4-43　パラメータの修正

4-4-14 データの履歴

現在のスペクトルの履歴を表示します。「いつ測定されたか」「いつ編集されたか」「いつ保存されたか」等が記載されています。修正はできません。

図4-44 データの履歴

4-4-15 INADEQUATEモード変更

対角線が傾き2となるINADEQUATEスペクトルの処理モードに設定します。右図で「INADEQUATEスペクトルとして解析」に設定して「確定」をクリックします。解除するときは「通常」に設定して「確定」をクリックします。

「INADEQUATEスペクトルとして解析」に設定すると「編集」に図4-46のサブメニューが追加されます。

次の作業が行えます。
1)傾き2の直線の表示（図4-40）
2)折り返しを展開する
3)専用の線引き（4-4-9を参照）

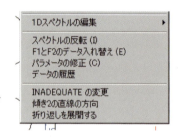

図4-45 INADEQUATEスペクトルの処理モード

「**傾き2の直線の方向**」：INADEQUATEモードのときはスペクトルの中心を通る傾き2の直線を自動的に引きます。この向きが違っているときはこのメニューで変更します。F1軸を反転することになりますので，図4-47を実行してください。戻すときは，もう一度同じ操作をします。

図4-46 INADEQUATE モードの追加メニュー

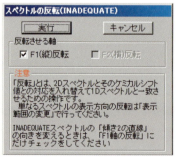

図4-47 傾き2の直線の向きの変更

「**折り返しを展開**」：INADEQUATE測定の時，F1軸の観測範囲をF2軸と同じにすると左上と右下に「折り返し」データが含まれます。これを本来の位置に移動すればF1軸全範囲のスペクトルが得られます。「**折り返しを展開**」を選択すると**図4-48**が表示されます。「**実行**」をクリックすると展開されます。

「折り返し」が右上と左下に現れる場合は，前述の「**傾き2の直線の方向**」を実行した後にこの操作を行ってください。

なお「**折り返しを展開**」した場合は，展開前の状態には戻せません。

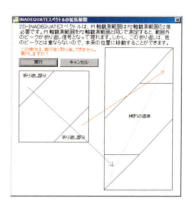

図4-48　折り返しの展開

4-4-16　取り消し(UnDo)

以下の編集作業の取り消しができます。5回前まで遡れます。

- ピークトップの削除
- ピークトップの追加
- ピークトップの移動
- ベースライン補正
- 縦横比の変更
- 1D/2D Reference設定

4-5 表　　示

等高線などの表示や印刷に必要な設定を行います。4-5-3以外の設定は印刷にも用います。

4-5-1　表示の設定（等高線等）

2次元スペクトルはピークの高さを段階に分けて表示します。通常は等高線のみで表示させますが，ベタ塗りで段階的にも表示させることもできます。

図4-49　等高線表示の設定

「表示形式」：ベタ塗りの時は「**色階調表示**」を，等高線のみの時は「**等高線表示**」を選びます（図4-50）。

「等高線の設定」：等高線の数を設定します。この数は正側・負側の両方の合計です。従って，絶対値表示の時は正側しか表示されませんから，この数の半分しか表示されません。

図4-50　等高線表示の例

左：等高線表示，右：色階調表示

「間隔の設定」：等高線が8段階以上の時，中間の等高線の間隔を指定します。2の指数型では，一番BaseLineに近い等高線と次の等高線の間隔を，順に2倍ずつ広げます。1.5, 1.2の指数型は，これが1.5倍，1.2倍になります。一般的に裾の広いピークの時には2の指数型を選んでください。

「表示モード」：Phase　Sensitive（位相検出型）データを絶対値表示することもできます。位相がどうしても合わないときに試してください。データが元々絶対値の時は設定不要です。

4-5-2　表示範囲の変更

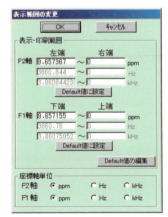

図4-51　表示範囲の設定

「範囲」：　表示するスペクトルのF2軸の左右端，F1軸の上下端を設定します。左端と右端，及び上端と下端の大小関係には制限はありません。ただし，同じ値はエラーになります。この大小関係によって2Dスペクトルの対角線の向きが変わります。また，この値をあらかじめ設定しておけます。「Default値に設定」をクリ

ックします。

「座標軸単位」：F1,F2軸の単位をppm, Hz, kHzの内から選択します。これは印刷時にも有効です。なお，この単位を変えると，上記の範囲の設定も変わります。F1軸およびF2軸の左右端の数値はppmとkHz, Hzの単位によって独立しています（kHzとHzは同じ範囲です）。

「Default値に設定」：前記の設定値をあらかじめ設定しておきます（図4-52）。

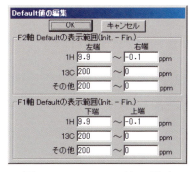

図4-52　Default値の設定

4-5-3　編集用表示Font等の変更

表示専用です。印刷には影響しません。

「表示色の設定」：等高線以外の表示物（座標軸など）の色を設定します。色の四角をクリックすると色の選択ダイアログ（図4-59）が開きます。線幅は変更できません。

「等高線の色」：後述の印刷用設定と共通です。そちらで設定してください。

「F1/F2ラベル位置」：横軸単位の「δ/ppm」または「ν/Hz」の表示位置を選択します。

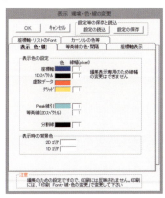

図4-53　表示用色・フォントの設定

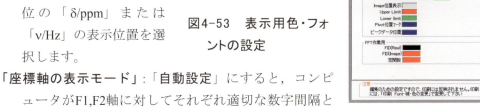

「座標軸の表示モード」：「自動設定」にすると，コンピュータがF1,F2軸に対してそれぞれ適切な数字間隔と目盛り間隔を設定します。

　「個別設定」にすると，F1,F2軸に対して数字間隔と目盛り間隔を手動で設定できます。また数値の小数点以下の桁数も設定できます。

「座標軸Font」：F1,F2軸それぞれの数値，ラベル（単位）のFontを設定します。変更するときは「変更」をクリックし，後は画面の指示に従ってください。

「設定の保存・読み込み」：上記の設定はファイルに保存し，後に読み込むことができます。保存ファイルの拡張子は *.dcl2 です。

4-5-4　印刷用表示　Font・線・色の変更

等高線の色以外は，印刷専用です。表示には影響しません。

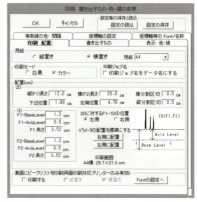

図4-54　用紙・配置の設定

(1) 用紙・配置の設定

「用紙」：用紙のサイズ・印刷の向きを設定します。A4 Half Column, A4 Full Columnは，2段組にプレビュー画面をコピーして貼り付けるときに使います。実際の印刷はA4用紙となります。その他の用紙はA3, A4, B4, B5などです。

「印刷モード」：白黒で印刷するか，カラーで印刷するかを指定します。カラープリンターで有効です。

「印刷ジョブ名」：印刷時にプリンターへ送るジョブ名（PDFの場合はファイル名）にデータ名を使うかを設定します。画像データが含まれている場合に画像データの印刷具合が変わることがあります。

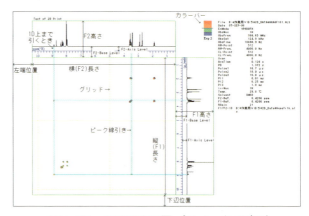

図4-55　2D印刷配置パラメータの意味

「配置」：用紙中でのスペクトルの配置を設定します。プレビュー画面でビジュアルに設定もできます。長さ等を正確に設定したいときに，ここで設定します。単位はcmです。「F1/F2」ラベル位置は1Dスペクトルの座標軸に対してppm等のラベルをどの位置につけるかを指定します。

また，パラメータを印刷する枠の場所がわからなくなったときは，「配置を標準にする」を実行してください。それぞれの数値の意味は図4-55のようになります。

「裏面にピークリストを印刷する」：両面プリンターの場合のみ有効です。「印刷する」にチェックをしておくと，スペクトルを印刷した用紙の裏面にピークリストを印刷します。

(2) 印刷時に書き出すもの

印刷するとき，プリントアウトする項目を指定します。

「書き出すもの」：書き出すものを設定してください。
ピーク線引きの線を1Dスペクトル上まで引くと，1Dと2Dの対応の解析が楽になります。また，カラーバーには横棒と立体の選択ができます。

「パラメータ」：印刷するパラメータの種類を設定します。

「File を使う」：これにマークしたとき：具体的な項目はパラメータファイルに記述してありますので，必要なパラメータファイル(*.PRT)を設定してください。編集は3-8-1　パラメータファイルの編集を参照ください。

「Parameter File」：これをクリックするとパラメータファイルの読み込み画面(図3-121)に移行します。必要なファイルを選択して「開く(O)」をクリックしてください。自分で，ワードパッドなどのエディターを使って作成することもできます。

「Listを使う」：これにマークしたときの操作は3-8-1 パラメータファイルの編集を参照してください。
またコメントの変更ができます。コメントには改行も挿入ができます。

図4-56　書き出すもの

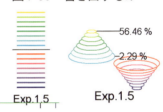

図4-57　カラーバー

左：横棒　右：立体

(3) 線・色の設定

各線の右横の「色」の四角内をクリックすると下図のような色の選択ダイアログが表示されます。適当な色を選択してください。また，線幅も設定できます。

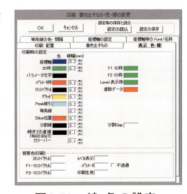

図4-58　線・色の設定

図4-59　色の選択ダイアログ

(4) 等高線の設定

「等高線の色」：表示用設定と共通です。16段階に設定できます。32段階表示の場合は，2つずつ同じ色を使います。

「間隔の設定・等高線の設定・表示モード」は4-5-1表示の設定と同一ですので詳しくはそちらを参照してください。

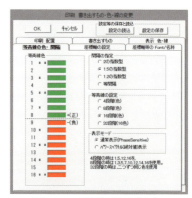

図4-60　等高線の設定

(5) 座標軸の設定

「F1/F2単位」：横軸の単位をδ/ppm，ν/Hzまたはν/kHzを選択します。

「F1/F2ラベル位置」：横軸単位のδ/ppm等の表示位置を選択します。

「座標軸の表示モード」：「自動設定」にすると，コンピュータがF1,F2軸に対してそれぞれ適切な数字間隔と目盛り間隔を設定します。

「個別設定」にすると，F1,F2軸に対して数字間隔と目盛り間隔を手動で設定できます。また数値の小数点以下の桁数も設定できます。

図4-61　座標軸の設定

(6) 座標軸等のFont/名称の設定

「座標軸」：F1,F2軸それぞれの数値，ラベル（単位）のFontを設定します。変更するときは「変更」をクリックし，後は画面の指示に従ってください。

「パラメータ」：パラメータ部分の印刷に使うFontを設定します。

「英字中の日本語Font」：英字のFontを使っているときに日本語が混ざっていると正しく印刷されません。これを防ぐために，その部分だけ日本語Fontに置き換えます。

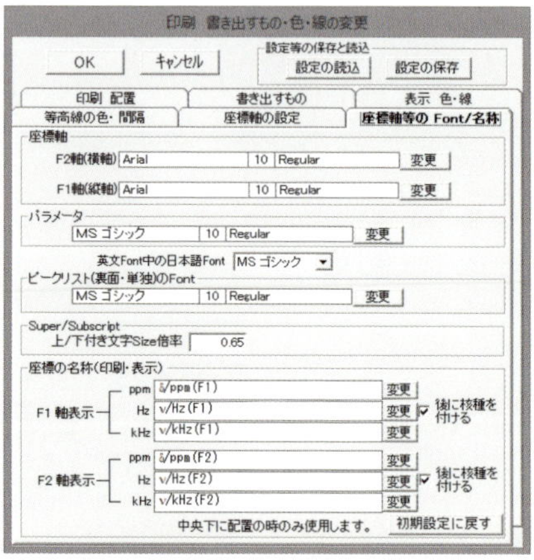

図4-62　Fontの設定

「ピークリスト」：裏面に印刷するピークリストのFontを設定します。

「座標の名称」：座標軸に添える名称を変更します。「変更」をクリックして編集します。

(7) 設定の保存・読み込み

　上記の設定はファイルに保存し，後に読み込むことができます。保存ファイルの拡張子は *.pr2 です。

4-5-5　動作環境の設定（表示の初期設定等）

　アプリケーションを起動したときや，新しくスペクトルを表示したときの初期値など，環境の設定を行います。

　右のようなタブが表示されていますので，必要なタブをクリックして内容を設定します。

(1) 起動時の設定

「起動時にこのウインドウを表示する」：これにチェックをしておくと，毎回起動時にこのウインドウが表示されます。

図4-63　起動時の設定

「Userの設定」：ユーザーごとに環境設定を変える場合は「起動時にUser名を聞く」に設定します。

「1Dデータをフーリエ変換した時の設定」：0 ppmにリファレンスを自動設定するかを設定します。

「FIDの自動Shift」：FIDデータの0 sec位置を自動で探すかを設定します。

図4-64　ツールバーの設定

(2) ツールバー/スクロールバー

「拡大モードの設定」：基本ツールバーにより拡大等を行う場合，一回ごとに拡大モードを終了するかを設定します。

「ツールバーの表示位置」：基本ツールバー以外のツールバーの表示位置を「上」にするか「下」にするかを設定します。

「Scroll Barの表示」：Scroll Barを表示して，表示範囲を移動できるようにするかを設定します。

「拡大/縮小で1.0で一度止める」：ボタンを押しっぱなしで連続して増減するときに1.0で一度止めるかを指定します。

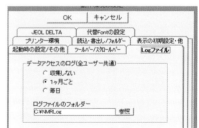

図4-65　データLogの設定

(3) ログファイル

　作業の経過をログファイルに保存するかを設定します。「毎日」または「月ごと」に収

集します。保存ホルダーを設定してください。

　ファイル名は

　　月ごと：2D****_**.logです。

　　　(****_**はログをとった年と月となります。)

　　毎日：2D****_**_**.logです。

　　　(****_**_**はログをとった年月日となります。)

(4) プリンター環境

　システムのプリンター設定を使うかを設定します。

「システム設定を使わない」：を設定した場合，プリンターの設定を変更しても，ウインドウズ上のプリンター設定は変わりません。このプログラム上での設定は保存されていますので，次回もそのまま使えます。この設定の使用を推奨します。

図4-66　プリンターの設定

(5) データ・フォルダー

「Defaultのフォルダー」：次回，特に指定しない場合のフォルダを以下のいずれかの設定から選択します。

　1. 最後にアクセスしたフォルダ。読み込み・書き込みとも同じフォルダ。
　2. 最後にアクセスしたフォルダ。読み込み・書き込みフォルダは別々に考えます。
　3. 下記に指定したフォルダ。この場合はフォルダ名を指定してください。

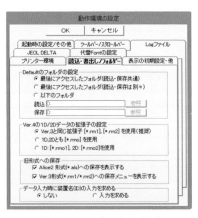

図4-67　データの設定

「Ver.4の1D/2Dデータの拡張子の設定」：Ver.4で保存するとき，Ver.3と同じrm1, rm2とするか，1D,2Dとも rmo とするか，1Dは rmo1, 2Dは rmo2 とするかを設定します。保存時に変更も可能です。

「旧形式への保存」：Alice2やVer.3等の旧形式での保存の可否を設定します。なお，読み込みは，この設定に関わらず可能です。

(6) 表示の初期設定

「構造式・イメージWindowの表示」：作業時に構造式等のイメージを表示するウインドウを表示するかを指定し

図4-68　表示の初期設定

ます。

「ピーク検出位置の設定」：ピークの検出を「計算上のピークトップ」とするか「データ点」のトップとするかを設定します。

「表示方向の初期設定」：新規の2Dスペクトルの表示を，対角線が「**右上から左下**」または「**左上から右下**」かに設定します。F1軸の1Dスペクトルの向きも変わります。

「表示方法の初期設定」：初期表示を等高線表示にするか色階調（ベタ塗り）表示かを選択します。

「等高線の初期設定」：等高線の初期表示段階を，4，8，16，32の中から選択します。新規のデータの表示に使用します。

「2Dスペクトルの表示点数」：表示/印刷のための縦/横の最小の表示点数を指定します。データ点数がこれより小さいと自動的にデータ点の補間が行われます。

(7)「JEOL DELTA」：

日本電子DELTA形式のファイルには，Sample IDとCommentとがあり測定モードなどの注釈に使われています。これらを，このアプリケーションのSample ID，Comment，測定モード（ExpCm）のどれに読み込むかを指定します。

図4-69　JEOL DELTA

(8)「代替Fontの設定」：

読み込んだファイル中のFontがシステムに存在しないときに設定したFontに置き換えます。

図4-70　代替Fontの設定

4-5-6 グリッドの設定

スペクトル上に表示するグリッド(補助線)の設定を行います。

「**グリッド**」: グリッドを表示するかを設定します。

「**F1/F2横軸単位**」: 縦線の間隔を，ppm単位かHz単位にするかを設定します。これを変更すると横軸座標も変わります。

「**グリッド間隔**」: F1軸およびF2軸のグリッドの横間隔を設定します。「**個別**」に設置しているときに有効です。「**自動**」に設定しているときは最適な間隔を自動設定します。

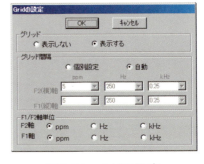

図4-71　Gridの設定

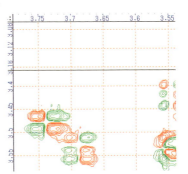

図4-72　Gridの表示例

4-5-7 F1(1D)スペクトルの表示位置

F1(1D)スペクトルの表示位置を「**右側**」にするか「**左側**」にするかを設定します。

4-5-8 構造式・イメージ等の表示

構造式等のイメージを別ウインドウで常に表示できます。右のウインドウが一番手前に表示されます。消すときは右上の**×**印をクリックします。表示が消えても，イメージデータは残っています。スペクトルデータを保存するときに一緒に保存されます。

「**ファイル**」: ファイルの読み込みを行います。JPG, PNG等のイメージファイルが読み込めます。

「**編集**」: クリップボードからイメージデータを貼り付けられます。ChemDrawなどからのメタデータも貼り付けられます。また，クリップボードへコピーできます。

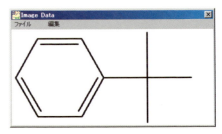

図4-73　構造式等の表示

4-5-9 分割表示の設定／表示

Homo Nuclear(同核種)測定の場合，通常は対角線に対称なスペクトルになります。このとき，ピークがある部分だけを**分割して拡大表示**させると，相関ピークとともに表示させることが可能になります(図4-75)。

第4章　2次元NMRデータ処理の操作　119

をクリックすると右の画面が表示されます。分割表示する領域をマウスで設定します。対角線上のみ設定してください。自動的に対角線に対称な四角を表示します。必ず2箇所(分割)以上設定してください。2箇所設定すると4つの領域になります。枠をマウスでドラッグすると領域を修正できます。

「確定」：これをクリックすると分割表示モード(図4-75)で表示されます。印刷もこの分割で印刷されます。
「Clear」：該当領域設定を削除します。
「分割解除」：これをクリックすると通常の表示に戻ります。
「キャンセル」：これをクリックすると以前の状態に戻ります。
「一つ前の状態に戻す」：領域の場所を変えたり，削除したときに，前の状態に戻します(5回前まで)。

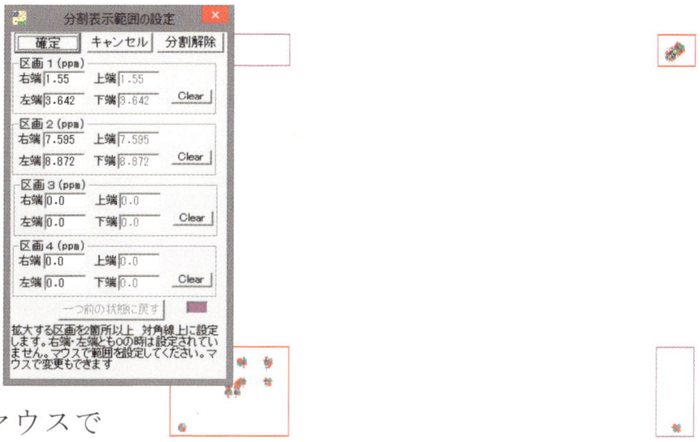

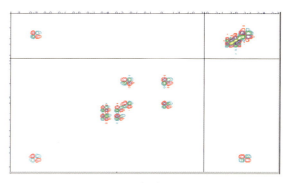

図4-74　分割設定の画面　2箇所を設定

図4-75　分割表示の画面

4-5-10　1Dデータの表示選択

2Dに添付する適当な1Dデータがないとき等には，2Dの投影図を代わりに添付することができます。ただし，分解能はよくありません。また，DQF-COSY等で，Singlet等のピークが消されている場合は，当該ピークは表示されません。

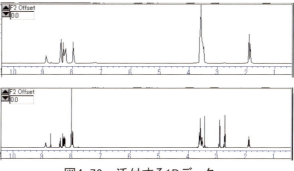

図4-76　添付する1Dデータ

上：2Dの投影図　下：高解像度(通常の)1D

4-6 その他

4-6-1 パラメータファイルの編集

1Dスペクトルの説明の3-8-1 パラメータファイルの編集を参照してください。

4-6-2 オペレータ名の編集

3-8-2 オペレータ名の追加・削除を参照してください。

4-6-3 バージョン情報

このアプリケーションの作成日やバージョンを表示します。

図4-77 バージョンの表示

4-6-4 ユーザー情報

ユーザーの情報を表示します。
1) ユーザー名
2) 設定ファイル名
3) アクセス回数

が表示されます。

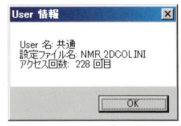

図4-78 ユーザー情報

4-6-5 解析するファイルに関する注意／動作環境の設定

ここからも4-5-5 動作環境の設定と4-3-3 解析できるファイルについてが実行できます。

4-7 フーリエ変換

フーリエ変換を行っていないデータ（FT未変換データ）を読み込んだときはフーリエ変換を行って，2Dスペクトルに直す必要があります（変換済みのデータの時はスペクトルの表示に直接行きます）。FIDを読み込んだときは，次の解析法を選択します。

4-7-1 解析法の設定

同核種か異核種か，位相検出(Phase Sensitive)か絶対値測定かによって，フーリエ変換の方法が異なるので，必ず適切なものを設定してください。データの内容からわかるものは，初期設定しています。

図4-79　2Dデータ解析モードの選択

(1) **特殊な操作**：Phase Sensitiveデータなどでスペクトルが反転していたり，ゴーストピークが出たりしてうまく変換できないときに設定します。**通常はチェックを外しておいてください。**

　「データの編成替えをする」：Phase Sensitiveのデータは，装置によってはF1，F2軸の実数・虚数データが分離されていないことがあります。この場合には，ここにチェックを入れてください。

　「F1データの上下を入れ替える」：位相回しの際に奇数番目のデータの符号を戻していないと上半分と下半分が入れ替わります。これを修正します。

　「F1データの方向を入れ替える」：虚数データの符号が異なっていると上下方向が入れ替わります。これを修正します。**4-4-11　スペクトルの反転**でも変更できます。

4-7-2　First Point補正の設定，Bruker補正

t1軸のFIDの最初のデータが本来の数値と異なっているときはF1軸方向にノイズ（筋）がでることがあります。このときは「t1 noise補正」にチェックすると軽減されることがあります。BaseLine補正でこのノイズは消去できるので，通常は補正しなくてもかまいません。

また，Brukerの装置で測定したFIDデータのうち，AD変換器がSingleモードで使用したデータは，フーリエ変換に特別な補正が必要です。測定装置・モードによって適切な方法を選んでください。普通は，データ中に

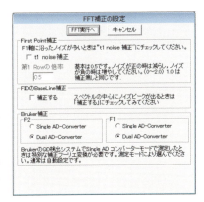

図4-80　First Point補正

記録されている測定モードが表示されるのでそのままOKを選べばよいようになっています。F1方向とF2方向の設定を行います。なお，Brukerの測定データでないときはこの項目は表示されません。

4-7-3 フーリエ変換

以上の設定が終わると下図のウインドウが開きます。位相補正やZerofillを行います。

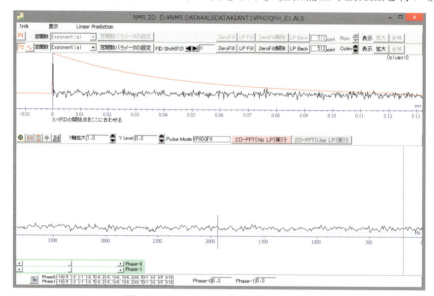

図4-81　フーリエ変換操作画面

(1) ファイル

「Phase補正Data読み込み」： VPHDQFH（2量子フィルターCOSY）で測定したデータは，1番目のデータは0なので，このままではF2軸の位相補正ができません。そこで，同じ条件であらかじめ測定した位相補正用の1Dデータを読み込んで位相を合わせる必要があります。PhaseData (DQF)メニューで位相補正用のデータを読み込んで位相補正を行ってください。もし，このデータがないときは，2Dスペクトルに一旦変換した後で，F2軸位相補正を行ってください。

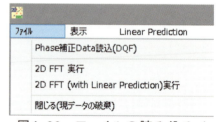

図4-82　ファイルの読み込みメニュー

「2D FFT実行」「2D FFT(with Liner Prediction)実行」：フーリエ変換して，2Dスペクトルにします。

「閉じる」：現データを破棄してメインウインドウに戻ります。

(2) 窓関数ツールバー

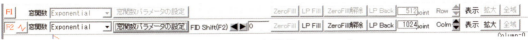

図4-83　窓関数ツールバー

F1 フーリエ変換の変換軸をF1軸にします。F1方向のスライスが表示されます。F1軸のときはこのボタンが押された状態になります。「Row」でデータ番号を選択します。

F2 フーリエ変換の変換軸をF2軸にします。F2軸のときはこのボタンが押された状態になります。「Colm」でデータ（Column）番号を選択します。通常は0にしておいてください。

以下の項目はF1, F2共通です。

「窓関数」：窓関数の種類を設定します。(1)Exponential（指数関数），(2)Sine Bell，(3) Sqr Sine Bell（Sine Bellの2乗），(4)Gaussian，(5)BlackmanHarris の5種から選びます。通常は，位相検出（Phase Sensitive）データの場合はExponentialを，絶対値データの場合はSine Bell等を選択してください。

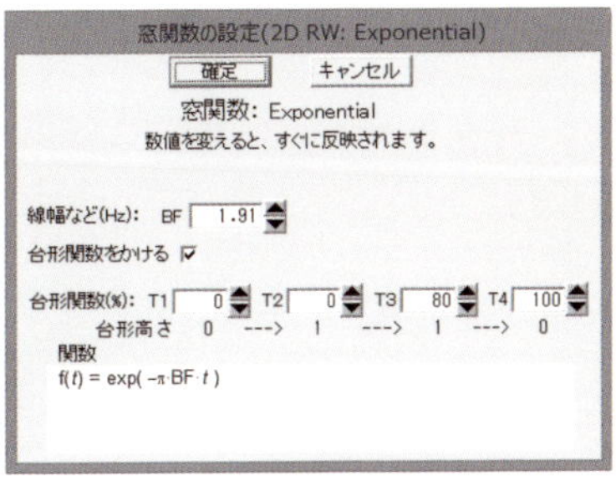

「窓関数パラメータの設定」：「BF」や「T1～T4」等を個別の窓関数ごとに設定します。例としてExponential関数の設定を右図に示します。

　「BF」：Exponential関数の時の減衰率。通常はデータの分解能程度にしておきます（^{1}Hの時で約0.12 Hz）。

　「T1～T4」：上記の窓関数に乗じる台形関数のパラメータです。

図4-84　窓関数の設定ウインドウ

　　T1：台形関数の下底の始まりを，実データ長に対する%で指定します（普通は0 %）。
　　T2：台形関数の上底の始まりを，実データ長に対する%で指定します（普通は0 %）。
　　T3：台形関数の上底の終わりを，実データ長に対する%で指定します（普通は80 %）。
　　T4：台形関数の終わり（下底の終わり）を，実データ長に対する比率を%で指定します（普通は100 %）。

　「WS」：SineBell，SineBell2，BlackmanHarris関数のStartを実データ長に対する%で指定します。負の値も有効です。Gauss関数の場合は関数の中心位置を%で指定します。

　「WE」：SineBell，SineBell2，BlackmanHarris関数のEndを実データ長に対する%で指定します。100 %を越えても有効です。

「Zerofill」：FIDデータに0の値を追加して，見かけ上の分解能を上げます。1回クリックするごとに，データ長は2倍になります。データ点数は一方向8,192点が最大です。また，メモリーの容量制限があるので，F1，F2両方向を最大値にはできません。

「LP Fill」：Linear Predictionでデータを1回クリックするごとに，2倍に拡大します。

「Zerofill解除」：ZerofillおよびLPを解除し測定時の点数とデータに戻します。ただし，測定時の点数より等しいか大きくて，かつ最小の2のべき乗の数値となります。たとえば，オリジナルが480点のときは，512点になります。

「LP Back」：先頭データをLinear Predictionで置き換えます。

「FID Shift(F2)」：F2のFIDを時間軸方向へ指定点数だけシフトします。これが正しく合っていないと，Phase-0とPhase-1をいくら調整してもきれいなスペクトルになりません。装置ごとに決定してください。なお，F1のシフトは0です。

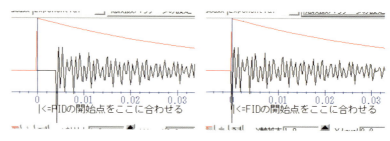

図4-85　FIDシフトの例
左：シフト前　右：シフト後

(3) 位相補正ツールバー

位相検出(Phase Sensitive)データのFFT後の位相補正を行います。絶対値測定データの場合は，位相補正の必要はないので表示されません。詳しい内容は，4-4-1　F2位相補正，および4-4-2　F1位相補正を参照してください。

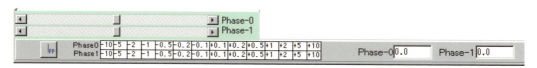

図4-86　位相補正ツールバー

(4) 基本ツールバー

図4-81下段のFFT後のスペクトル図の拡大・縮小を行います。詳しくは，1Dの3-2　基本ツールバーと使い方はほとんど同じですから，それを参照してください。

図4-87　基本ツールバー

すべてOKになったら，上記，基本ツールバー中の「2D-FFT実行」をクリックすると，F2方向FFT，F1方向FFT，Zerofillを実行して，メイン画面（スペクトル画面）に移行します。

4-7-4 Liner Prediction

図4-87において「2D-FFT(LP-Fill)実行」をクリックすると，Linear Predictionでデータ拡大を行った後にフーリエ変換を実行します。

Linear Predictionでデータ拡大をするパラメータを設定します。これをクリックすると次の画面になります。

F1方向とF2方向，それぞれにパラメータを設定します。ただし，データ拡大を行わない方向には設定する必要はありません。

「予想点数」：前方(Backward)へ予測するときの点数を指定します。「6」であれば，FIDの0 pointから5 point（全部で6 point）までを予測値で置き換えます。

「Stability Check」：Linear Predictionの計算によっては発散する場合もあります。これをチェックしておくと，発散しないように計算をします。前方(Backward)へ，数点の予測の場合は，ほとんど必要ありません。

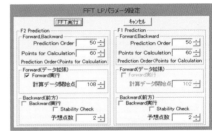

図4-88　Linear Predictionの設定

「計算データ開始点」：後方(Forward)へ予測するとき，予測のための計算のパラメータを求めるFIDデータの開始点を指定します。

「Prediction Order」：予測のための計算パラメータ点数を指定します。

「Points for Prediction」：予測のための計算パラメータを求めるためのデータ点数を指定します。必ず Points for Prediction ≥ Prediction Order にします。

「Forward実行，Backward実行」：Linear Predictionを行うかを設定します。前項「(2)窓関数ツールバー」で「LP Fill」・「LP Back」を前もって設定する必要があります。

すべてのパラメータを設定した後，「**FFT実行**」をクリックして，全体のフーリエ変換を実行します。

第5章　スペクトルを使う

5-1　プレゼンテーション(PowerPointやWordなど)に使う

パワーポイント等のプレゼンテーションのためのスライドやワード等のワープロの中に図として貼り付けることができます。

まず，メイン画面から「印刷」メニューを選んで、**印刷プレビュー画面**を表示します(**図5-1**)。

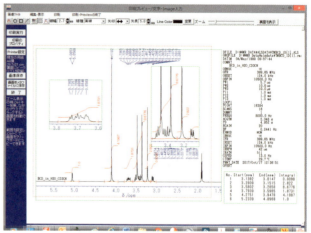

図5-1　印刷・プレビュー画面

この画面のツールバー上の▢をクリックした後，保存する区画をマウスでドラッグして設定します。赤い点線の枠が表示されます。この範囲が以下の操作のコピーされる範囲になります。適宜範囲・大きさを変更してください。

(1) BMP/PNGファイル・クリップボードに保存して貼り付ける

メニュー「画像ファイル」－「BMP・PNGファイル・クリップボードへ保存」か，印刷・プレビュー画面中の「**画像を保存**」というコマンドボタンを使います。これで，BMP・PNGファイルへ保存し，これらのデータをパワーポイントやワードなどに貼り付けます。

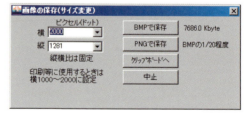

図5-2　画像の保存ウインドウ

このメニューをクリックすると**図5-2**のダイアログが表示されます。保存サイズを設定（選択）して保存したい形式のボタンをクリックします。ファイルの選択のしかたは，通常のファイルの読み書きと同じです。パワーポイントでは横1000 pixelで十分ですが必要に応じて変更してください。

BMPファイルはビットマップデータなのでかなり大きなサイズになります。PNGファイルは圧縮されていますので，かなり小さくなります。PNGファイルは jpegとは異なり圧縮後、解凍しても画質は変わりません(BMPファイルと同じです)。

なお，プレビュー画面では，編集のために，いろいろな部分に薄い灰色の補助線が表示されていますが，**保存されたデータではこれらは消去されています**。

「**BMPで保存**」または「**PNGで保存**」等をクリックして，名前を付けて保存できます。

次にパワーポイント等のコマンドで「**ファイルから図を選択してを挿入**」してください。場所・大きさは適宜変更してください。

「**クリップボードへ**」で、クリップボードにコピーした後，「Ctrl」＋「V」で直接貼り付け(ペースト)ても同じです。

注意：この操作では、画像はビットマップで貼り付けるので、拡大すると「ギザギザ」が目立つことがあります。

(2) **拡張メタファイル(*.emf)に保存して貼り付ける**

赤色点線の範囲を拡張メタファイルとして保存して、貼り付けることもできます。

メニュー「**画像ファイル**」の中の「**選択範囲を拡張メタファイル(*.emf)として保存**」か, 印刷・プレビュー画面中の「**拡張メタファイルで保存**」というコマンドを使います。

このファイルをパワーポイントのコマンドで「**ファイルから図を選択してを挿入**」してください。

(3) 「Ctrl」＋「C」でクリップボードにコピー

「Ctrl」＋「C」のキー操作で、選択範囲の画像をクリップボードにコピーした後，「Ctrl」+「V」でワードなどに直接貼り付け(ペースト)る事もできます。この場合は**拡張メタファイル**として貼り付け(ペースト)られるので、上記(2)と同様に、拡大しても「ギザギザ」がでない図となります。実際の見本を**図5-3**に示します。また，このページ自身も同様の方法で作成しています。

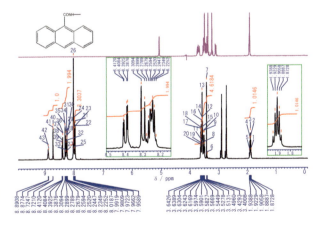

図5-3　画像の印刷見本

付 録　付属 CD の使い方

付-1　付属CDのインストール

1. 付属CDの内容(ver. 4.25.4)

    付属CDには以下の内容が含まれています。
    (1)　1次元NMRの解析ソフトウエア（Ramo1D4.exe）。
    (2)　2次元NMRの解析ソフトウエア（Ramo2D4.exe）。
    (3)　ケミカルシフトとカップリング定数からスペクトルを計算するソフトウエア（NMRPeak.exe）。
    (4)　ケミカルシフトと化学交換の速度からスペクトルを計算するソフトウエア（NMR.exe）。
    (5)　上記の英語版は「Install English Version」というフォルダーに入っています。使用方法は以下と同じです。
    (6)　Sampleデータ。

2. 著作権
    (1)　上記ソフトウエアーの著作権は中村　博にあります。
    (2)　無断でコピー・使用は厳重に禁止します。
    (3)　インストールできるコンピュータの台数は，CD 1 枚につき一台です。

3. 必要な資材
    (1)　Pentium 500 MHz以上のCPUでWindows 2000, NT4.0, XP, Vista, 7, 8, 8.1, 10が動作しているすべてのコンピュータ（DOS/Vなど）。Windows 98でも動作しますが，速度の点でお勧めしません。OSは32 bit/64 bit版のどちらでも動作します。
    (2)　NMRのデータは大きいので保存用に，USBメモリー等の大容量記憶装置が必要です。
    (3)　Windows がサポートするプリンター：スペクトルの印刷に必要（A4の用紙が使えること）。
    　　　　　例　レーザープリンター，インクジェットプリンター

4. 設置方法（コンピュータのハードの設定）

　　Windows の設定以外特別な設定は必要ありません。

5. ソフトウエアーのインストール

　　以下の(1)または(2)の，いずれかの方法でインストールします。
　（1）　CDをドライブにセットすると`Auto Run`が起動するので，それに従う。
　（2）　インストールCDの中から`Setup.exe`を起動する。あとは，その指示に従ってセットアップする。

　　このインストールではアプリケーションとしてRamo1D4.exe, Ramo2D4.exe, NMRPeak.exe, NMR.exe 等がコピーされます。

　　プログラムの起動は，Windowsツールバーの「**スタート － プログラム － NMR V4 Spectrum － NMR1D Spectrum**」，または，「**－ NMR2D Spectrum**」から行います。

　　または，インストールしたディレクトリ（`¥Program Files¥NMRV4 Spectrum¥`）の「`Ramo1D4.exe`」（1次元用）や「`Ramo2D4.exe`」（2次元用），「`NMRPeak.exe`」（ピーク形計算用），「`NMR.exe`」（化学交換用）をダブルクリックする。

　　64 bit版のOSにインストールした場合には、インストールディレクトリは「`¥Program Files(x86)¥NMRV4 Spectrum¥`」になります。

　　それぞれのショートカットを作っておくと便利です。

6. 処理できるデータには以下の制限があります（要望により増やすことはできますが，メモリー容量が大きくないと処理速度が遅くなります）。

　　a) 1Dでは524,288点まで(実部データとして)。実部と虚部の合計は1,048,576点。
　　b) 2Dは4,096×4,096点まで(実部データとして)。
　　つまり、絶対値データは4,096×4,096点の2倍，Phase Sensitive(位相検出)データは4,096×4,096点の4倍までです。
　　ただしZerofillは2,048×2,048点までです。測定がこれ以上(2,048×2,048点)のときはZerofillはできません(2,048×2,048点以上の時はかなりメモリーを消費します。FT等の速度の点で2,048×2,048点では128 Mbyte, 4,096×4,096で300 Mbyte程度のメモリーがコンピュータ本体に必要です)。

7. このプログラムはまだ完璧ではありません。バグを見つけられたら中村までお知らせください。修正します(`E-mail: hnakamura@kuramae.ne.jp`)。

補足事項

1. 位相検出タイプの2次元スペクトルのうち，GX/GSX/EX シリーズで測定したVPHHMBC, VPHHSQC, VPHCHSHF等の異核種2次元スペクトルのF1軸の位相補正は測定条件から設定できます。このプログラムでは，F1軸の位相補正のPhase0とPhase1は自動設定にしていますので，F1側のPhase0（0に設定）とPP位置（中央に設定）及びPhase1（測定条件から算出）は変更しないでください。これらのF1側の位相補正（VPHHMBCを除く）は2DのFT後に行ってください。

2. 同じ磁場強度で測定した場合（つまり同じ装置），2Dに添付する1Dスペクトルの測定範囲・中心周波数（要するに観測範囲）は，2Dのそれと違っていてもかまいません。しかし，他の条件（チューニング，溶媒，測定温度，Lock条件）はできるだけ同じにしてください。このとき（他の場合も同じですが），1Dを読み込むときに，「中心周波数で合わせる」に設定してください。1Dと2Dの中心周波数の差と1DのReferenceから2Dのケミカルシフトを計算して，1D貼り付けを行います。ただし，1Dと2Dの分解能の差から若干のズレがありますが，これは後で補正可能です。

3. このプログラムの更新などを次のURLで公開していますのでご利用ください。
    http://ramonyan.ec-site.jp/nmr/index.html

付-2 Windows Vista, 7, 8, 8.1, 10 でのインストールについて

　Visual Basic Ver. 6 および，それによって作成されたアプリケーションは，Windows Vista, 7, 8, 8.1, 10 (32/ 64 bit版)に対応しています．ただし，管理者権限などのセキュリティーが強化されたために，インストール時や実行時にエラーが出る場合があります．次のようにして，回避してください．
　以下の作業は，必ず**管理者権限**でログオンして行ってください．

インストール時：CDのルートディレクトリにある，setup.exeを右クリックし，その中のメニューで，「**管理者として実行**」をクリックして，インストールを開始します．

実行時：1Dの解析で，実行時にエラーが出る場合は，「**スタート**」メニュー中の「NMRV4 Spectrum ― NMR1D Spectrum」を右クリックし，「**管理者として実行**」をクリックして起動します．
　2Dの場合も同様に「NMR2D Spectrum」を右クリックし，「**管理者として実行**」をクリックして起動します．
　　これらの操作は，**最初の1回**だけに必要です．2回目以降は通常の起動法で起動可能です．

付-3　FT-NMR解析プログラム解析可能ファイル一覧

装置／システム	1D読込み	2D読込み	保存形式(注)
Alpha	○	○	×
Alice 2	○	○	○
Bruker 1D	○	×	×
Bruker 2D	×	○	×
Bruker Proced 1D	○	×	×
Bruker Proced 2D	×	○	×
CMX	○	×	×
CSV	○	×	×
ECP/ ECA	○	○	×
EX/GX/GSX	○	○	×
GeOmega	○	×	×
JCAMP	○	×	○
Lambda	○	○	×
MACFID	○	×	×
MSL	○	×	×
Nuts	○	○	×
Ramo Ver.3	○	○	○
Ramo Ver.4	○	○	○
Varian(Agilent)	○	○	×
ASCII	×	×	○
SIEMENS	○	×	×

注1：保存形式に×ついているデータでも他の○印の付いている形式で保存できます（JCAMPの2Dを除く）。元の装置／形式には関係なく保存できます。
　　Ramo Ver.3/Ver.4は，印刷などの設定も保存できます。従って，以前に印刷したものと全く同じものが再度印刷できます。拡張子は，Ver.3/Ver.4が rm1，rm2，Ver.4では拡張子を rmo かrmo1，rmo2 としてVer.3と区別することもできます。

注2：Ramo Ver.3/Ver.4ではファイルの読み込み時のデータ判別には，拡張子を用いていません。ファイルを一度読んで，その内容から区別しています。つまり，何か拡張子があれば，何でもかまいません。したがって，拡張子は「**データを整理するとき**」と，ファイルをダブルクリックして「**アプリケーションを起動するとき**」に必要なだけです。

Ver.4 Data 構成

Container
Header ID
Addresses
Data(2D)
Data(1D)-0
・・・
・・・
・・・
Data(1D)-19
PrintSet for 1D 1Dデータの印刷設定
PrintSet for 2D 2Dデータの印刷設定
PrintSet for Simulation 波形分離の印刷設定
PrintSet T1Calc T1/T2計算の印刷設定
Line,Text,Picture,Circle, Rectangle (2D) 文字,図形の印刷データ
Draw Oreder of Figs.(2D) 文字,図形の印刷順序
Line,Text,Picture,Circle, Rectangle (1D) 文字,図形の印刷データ
Draw Oreder of Figs.(1D) 文字,図形の印刷順序
Line,Text,Picture,Circle, Rectangle (Simulation) 文字,図形の印刷データ
Draw Oreder of Figs. (Simulation)
Structure Image 構造式等の表示用
PrintSet List List等の印刷設定
History データ全体の更新履歴

1D 0～19
Header
Addresses
File Name 元のファイル名
Parameter 測定パラメータ
Data 1D データ本体
Comment データの注釈(1)
Sample ID データの注釈(2)
Integral 積分データ
Peak Pick Data ピークデータ
MultiView Set 拡大表示の設定
Simulation Data 波形分離のデータ
Print Set このデータの印刷設定
Array Data Arrayのパラメータ
History このデータの更新履歴

2D
Header
Addresses
File Name 元のファイル名
Parameter 測定パラメータ
Data 2D データ本体
Comment データの注釈(1)
Sample ID データの注釈(2)
Peak Pick Data ピークデータ
Bunkatsu 分割表示の設定
Print Set このデータの印刷設定
History このデータの更新履歴

Commentはスペクトル領域に表示できますが，Sample IDは，パラメータ領域にしか表示できません。

1D Data ファイルの場合は　　Data(2D)は空データ。

　　　　　　　　　　　　　　Data(1D)-0 が主スペクトル。

　　　　　　　　　　　　　　残り 1 ～ 19 は重ね書きデータ。

2D Data ファイルの場合は　　Data(2D) が主スペクトル。

　　　　　　　　　　　　　　Data(1D)-0 は F1 の 1D データ。

　　　　　　　　　　　　　　Data(1D)-1 は F2 の 1D データ。

スペクトルデータ以外のデータの配置の順序は重要ではありません。順不同になっている場合があります。それぞれのデータには16文字以内のヘッダーが付いています。

134

付-4 印刷サンプル
(1) 1次元スペクトルの印刷例－1

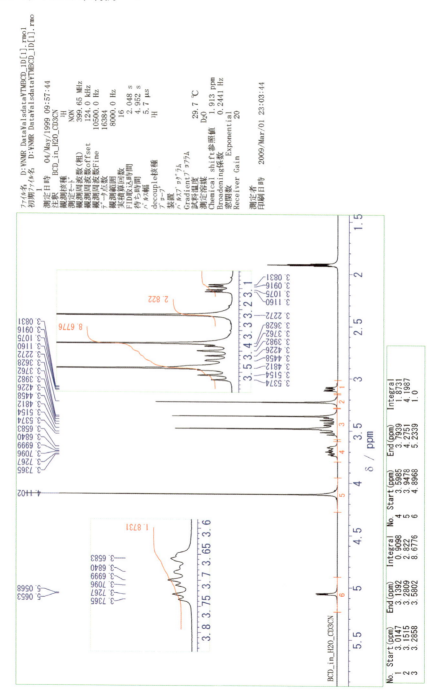

(2) １次元スペクトルの印刷例－２

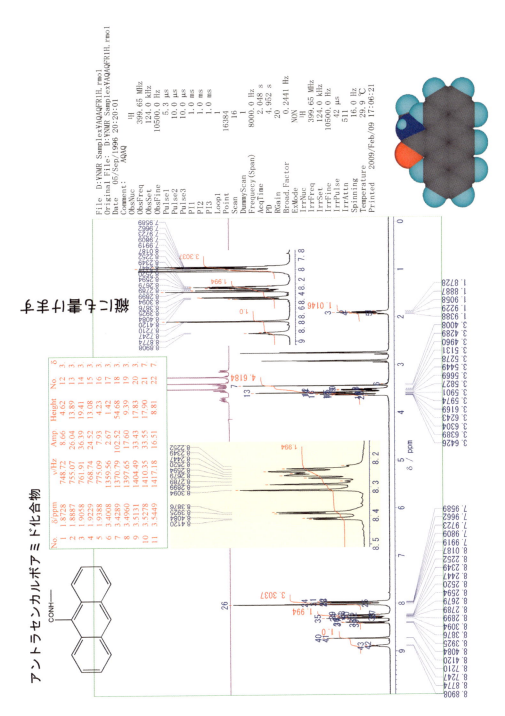

(3) 2次元スペクトルの印刷例-1

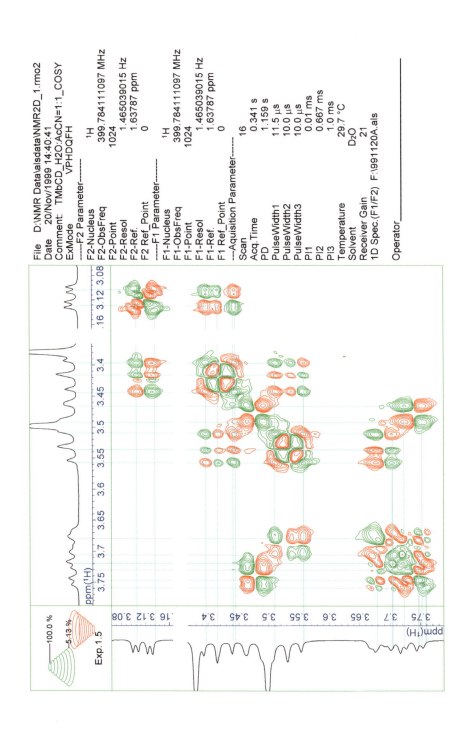

(4) ２次元スペクトルの印刷例－２

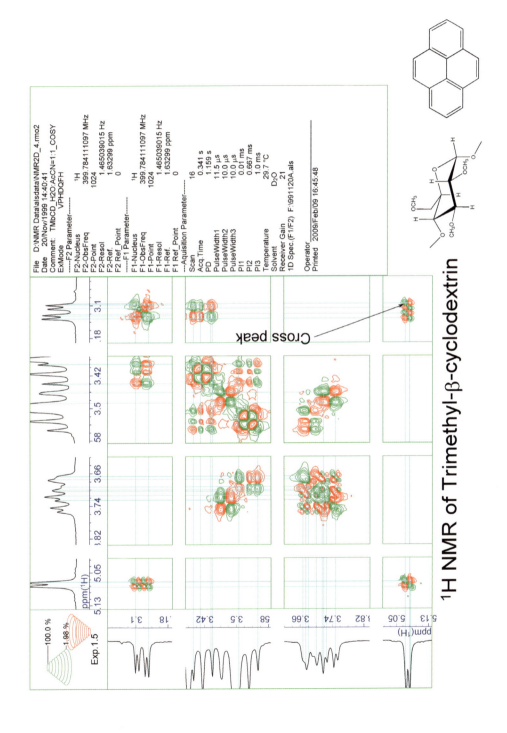

著者略歴

中村　博（なかむら　ひろし）

1974年　東京工業大学大学院理工学研究科修士課程修了
1978年　九州大学大学院工学研究科博士課程修了
　　　　北海道大学名誉教授
　　　　（工学博士）

パソコンによる
FT-NMRのデータ処理（改訂2版）

2000年 7月10日　初　版　第1刷発行	ⓒ　著者　中　村　　　博
2009年 6月20日　第2版　第1刷発行	発行者　秀　島　　　功
2018年 2月25日　改訂2版第1刷発行	印刷者　荒　木　浩　一
2021年10月25日　改訂2版第2刷発行	

発行所　三共出版株式会社　東京都千代田区神田神保町3の2
郵便番号 101-0051　振替 00110-9-1065
電話 03-3264-5711　FAX 03-3265-5149
https://www.sankyoshuppan.co.jp/

一般社団法人 日本書籍出版協会・一般社団法人 自然科学書協会・工学書協会　会員

製版・アイ・ピー・エス　印刷製本・倉敷

JCOPY ＜（一社）出版者著作権管理機構 委託出版物＞
本書の無断複写は著作権法上での例外を除き禁じられています。複写される場合は，そのつど事前に，（一社）出版者著作権管理機構（電話 03-5244-5088, FAX 03-5244-5089, e-mail: info@jcopy.or.jp）の許諾を得てください。

ISBN 978-4-7827-0774-6